KB184789

펫 피트니스 핸드북

COMPANION DOG FITNESS

一般社団法人ペット・フィットネス協会

조준혁 · 정구영 · 이승재

머리말

현대 사회에서 반려동물은 우리의 삶 속에서 중요한 동반자로 자리 잡고 있습니다. 펫 피트니스 핸드북은 반려동물의 건강과 행복을 증진하기 위한 다양한 운동방법과 테이핑에 대한 종합적인 가이드를 제공하고자 합니다. 반려견 피트니스의 기본정보를 요약한 첫 번째 도서인 '펫 피트니스 핸드북'이 반려견을 키우는 보호자들에게 유익한 정보가 되기를 바라며, 펫 피트니스와 펫 테이핑의 중요성을 널리 알리는 계기가 되기를 기대합니다.

이 책의 내용은 다양한 연구와 임상 경험을 바탕으로, 반려견의 신체와 정신 건강을 위한 효과적인 방법들을 제시합니다.

반려견과 함께 즐거운 시간을 보내며 건강하고 활기찬 일상을 만들어 가시길 바랍니다. 여러분과 반려동물이 함께하는 여정에서 같이 성장하며 많은 성취와 행복을 경험하시기를 바랍니다. 감사합니다.

일반사단법인 펫 피트니스협회
一般社団法人ペット·フィットネス協会

차례

제1장

펫피트니스 개요

피트니스(Fitness)

- 신체가 기능을 충분히 발휘할 수 있는 능력과 상태
- 균형 잡힌 건강한 신체를 만들기 위한 일 = 운동
- 'physical fitness' = 신체적성, 건강운동, 체력관리

펫 피트니스(Pet Fitness)

펫 피트니스(pet fitness)는 반려동물의 신체를 이해하고 건강 예방과 유지를 위한 체계적인 운동으로 반려동물의 삶에 질을 향상시킵니다. 펫 피트니스 협회에서 구성한 반려견 피트니스(Companion Dog Fitness)이론과 동작의 중점내용은 반려견의 질병 치료나 재활 목적보다는 건강 예방을 위한 체계적인 운동에 목적을 두고, 견체의 기본적인 구성과 운동 과정에 따른 동작들을 소개합니다. 추가적으로 펫 테이핑 파트에서는 운동과 병행하여 반려견의 신체 기능을 최적화 할 수 있는 펫 테이핑법 소개로 반려견의 균형잡힌 신체 건강을 완성할 수 있습니다.

펫피트니스(Pet Fitness)의 필요성

1) 반려동물 양육 데이터

kb금융 2023년 한국 반려동물보고서에 따르면, 2022년 말 국내 반려동물 가구는 552만 가구로 반려인은 1,262만 명으로 추정합니다. 기관마다의 추정치 차이가 있으나 농림축산식품부에서 2022년 동물보호에 대한 국민의식조사 결과 현재 거주지에서 직접 반려동물을 양육하는 비율은 25.4%의 1,270명으로 비슷하게 추산하고 있습니다. 양육 반려동물은 75.6%가 반려견을 키우고 고양이가 27.7%로 많았습니다. 동물등록 여부와 조사 미참여 등에 따른 추정치로 최근 국내 반려동물 가구는 1,500만 명에 달하는 예상을 하고 있을 만큼 반려동물 양육에 따른 시장규모와 서비스 수요가 급증하고 있습니다.

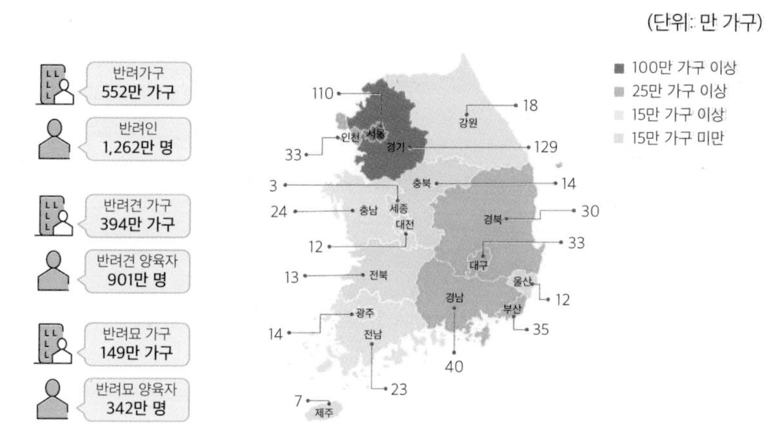

그림 1.1 2022년 반려동물 양육가구(kb금융 반려동물보고서)

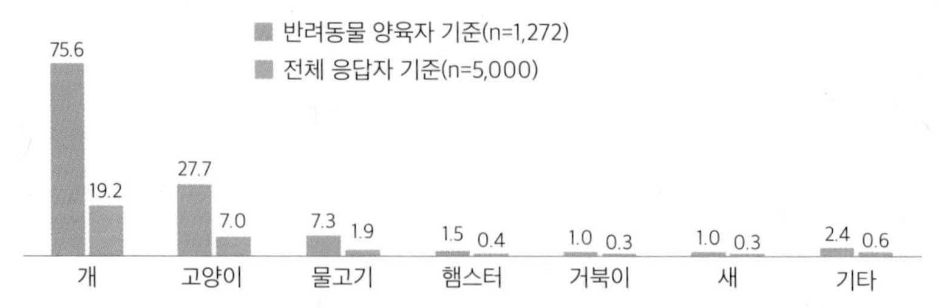

그림 1.2 2022년 동물보호에 대한 의식조사(농림축산식품부)

농림축산식품부에 따르면 국내 반려동물 연관 산업은 2020년 3.4조 원에서 2027년 6조 원으로 약 두 배 규모의 시장이 확대될 것이라 전망하고 있습니다. 글로벌 펫 시장 점유율 1위는 미국인데 산업자료에 따른 연 평균 성장률 전망에서 우리나라는 성장세 대비 중국, 브라질, 대만 등에 이어 고성장 전망을 보여주고 있습니다.

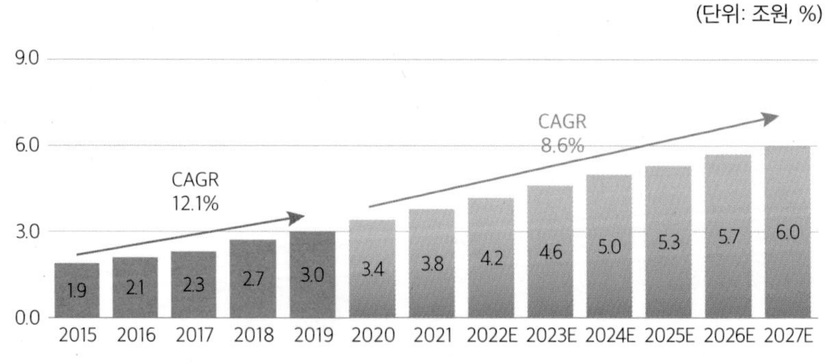

그림 1.3 2023년 글로벌·국내 펫 산업분석보고서(벨류파인더)

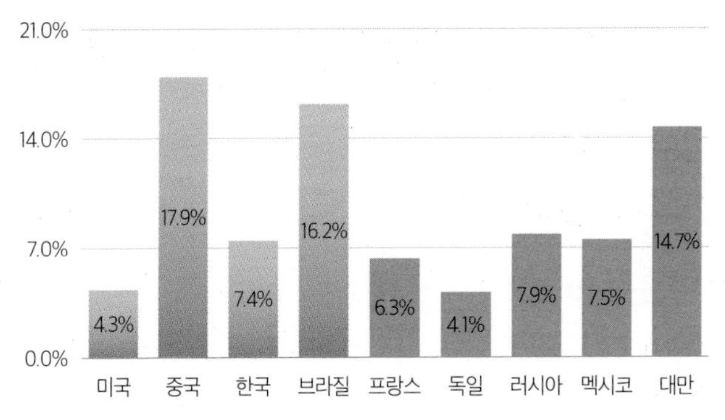

그림 1.4 2023년 글로벌·국내 펫 산업분석보고서(벨류파인더)

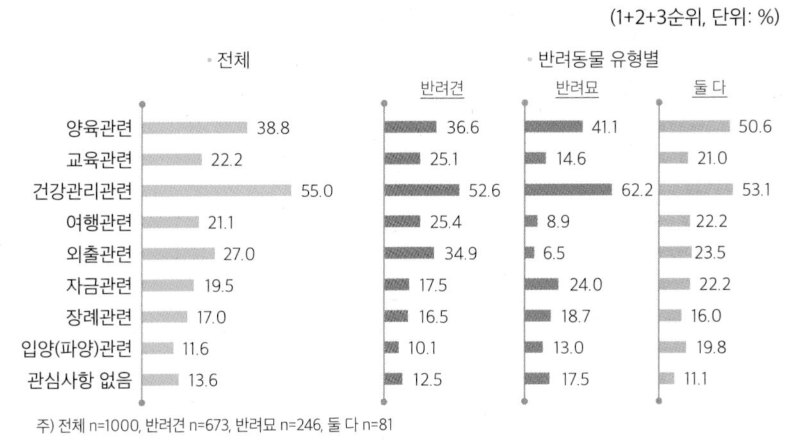

그림 1.5 반려동물양육 관심사(kb금융 반려동물보고서)

반려동물 시장규모의 성장과 전망에 따른 최근 조사에 따르면 반려인이 반려동물 양육에 있어서의 가장 높은 관심사가 건강관리와 양육입니다. 건강관리와 관련해서는 건강검진, 질병케어, 이상행동케어, 비만 케어 등에 관심을 표했습니다.

현대의 반려인들은 반려동물의 삶의 질에 대해 고민하고 건강하게 수명이 연장되는 방법을 찾습니다. 펫 피트니스는 단순히 신체 건강을 넘어, 전반적인 삶의 질을 높이고 반려동물과의 관계를 더욱 깊게 만드는 중요한 역할을 합니다. 규칙적인 운동과 활동을 통해 반려동물이 건강과 행복을 유지하는 것은 모든 반려동물 보호자의 책임이자 즐거움이 될 것입니다.

2) 건강관리와 예방

- **규칙적인 운동**: 반려견에게 적절한 신체 활동을 제공하여 체중을 유지하고 균형 잡힌 식단 관리와 병행하면 비만을 예방하고 건강을 유지할 수 있습니다.
- **근육강화**: 반려견에게도 특히 근력 운동은 신체 근육을 강화시켜 일상적인 활동을 더 쉽게 할 수 있도록 건강하고 강하게 만듭니다.
- **뼈 강도 증가**: 운동은 뼈를 강화하여 골밀도를 높이고 골절의 위험을 줄입니다. 특히 성장기 반려동물에게는 매우 중요합니다.
- **유연성 유지**: 적절한 운동은 관절의 유연성과 강도를 유지하여 관절염과 같은 질환의 발생을 줄이며 특히 노령 반려견에게 중요합니다.
- **관절예방**: 꾸준한 운동으로 인한 체중관리는 관절에 과도한 부담을 줄 수 있는 비만을 방지하여 관절 건강을 보호할 수 있습니다.
- **심장기능 향상**: 규칙적인 운동은 심장 근육을 강화하여 혈액을 더 효과적으로 펌프할 수 있게 하여 심장병 예방에 중요한 역할을 합니다.
- **규칙적인 활동**: 일상적인 운동은 혈액 순환을 촉진하여 산소와 영양소를 신체의 각 부분에 더 효과적으로 전달하여 전반적인 건강을 증진시킵니다.
- **당뇨병 예방**: 비만은 반려견의 인슐린 저항성을 증가시켜 당뇨병의 위험을 높일 수 있습니다. 이는 운동과 체중 관리로 예방할 수 있습니다.
- **면역력 강화**: 꾸준한 신체 활동은 면역 체계를 강화하여 감염 질환에 대한 저항력을 높일 수 있습니다.

3) 정신건강 향상

- 충분한 운동을 통해 에너지를 소모하면 물어뜯기나 스트레스성 짖음 같은 행동을 줄여 자연스럽게 스트레스를 완화할 수 있습니다.
- 다양한 신체활동은 반려견에게 정신적 자극을 제공하여 우울, 불안 등의 정신적 문제를 예방하고 행복한 상태를 유지하도록 돕습니다.
- 공 던지기, 터그, 잡기 놀이 등 다양한 놀이 활동을 통해 반려견의 에너지를 발산시키고 즐거움과 만족감을 제공하여 스트레스를 완화합니다.
- 달리기, 기구 활용 등 고강도 신체활동을 통해 반려견은 에너지를 발산하고 지루함이나 불안으로 인한 행동을 예방할 수 있습니다.
- 일상적인 산책은 스트레스를 줄이는 효과적인 방법 중 하나입니다. 걷는 활동을 통해 새로운 환경과 후각 활동으로 스트레스를 해소할 수 있습니다.
- 반려견이 외부 자연에서 하는 일상 운동은 다양한 소리와 냄새를 접하여 스트레스를 해소할 수 있습니다.

- **규칙적인 루틴**: 일정한 시간에 먹이 급여, 운동, 놀이 시간을 가지면 반려견은 안정감을 느끼고 보호자에게 신뢰가 높아집니다.
- **사회적 교류**: 펫 피트니스 그룹 레슨이나 외부 운동을 통한 다른 사람, 동물과의 상호작용 교류는 반려견의 사회적 경험을 풍부하게 하여 사회적 정신 건강에 도움이 됩니다.

4) 지능향상

- **기초훈련**: 운동 동작을 만들기 위한 기본교육을 통해 반려견은 보호자와의 규칙을 만들어 나아가고 정식적, 신체적 자극을 모두 충족하여 자신감을 높일 수 있습니다.
- **트릭훈련**: 반려견이 할 수 있는 새로운 동작을 가르치면서 두뇌를 자극합니다. 이는 반려견에게 도전과 성취감을 제공하여 긍정적인 정신 상태를 유지하게 합니다.
- **예절교육**: 기초 훈련과 피트니스 동작 교육을 통해 반려견이 더욱 차분하고 집중력을 발휘할 수 있게 됩니다.
- **칭찬과 보상**: 운동을 통한 칭찬과 보상은 신뢰도를 높이고 긍정적 상호작용을 통해 행동 개선에 큰 도움이 됩니다.

제2장

견체의 구성

1. 견체 골격

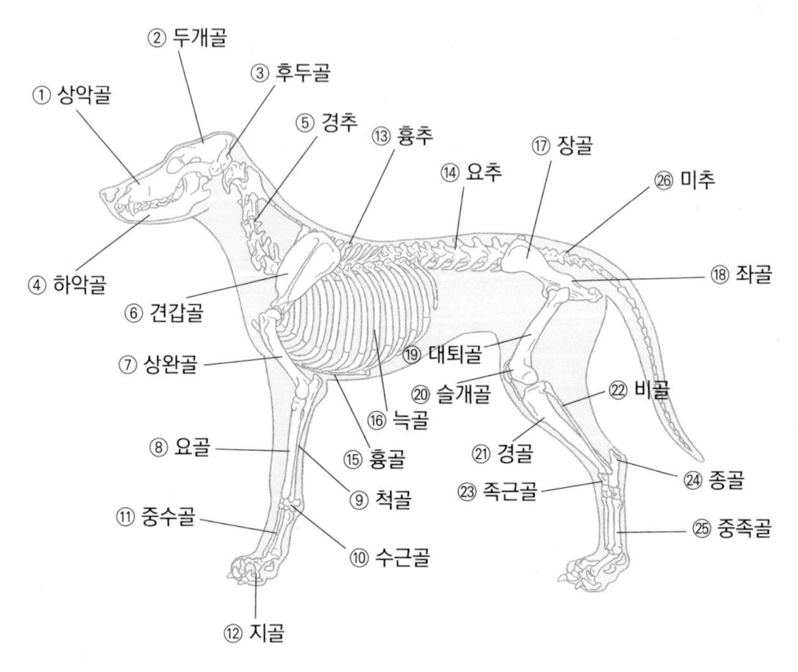

그림 2.1 골격 명칭

▶ 골격 구성

1. 상악골(위턱뼈)
2. 두개골(머리뼈)
3. 후두골(뒤통수뼈)
4. 하악골(아래턱뼈)
5. 경추(목뼈)
6. 견갑골(어깨뼈)
7. 상완골(상완뼈)
8. 요골(노뼈)
9. 척골(자뼈)
10. 수근골(앞발목뼈)
11. 중수골(앞발허리뼈)
12. 지골(발가락뼈)
13. 흉추(등뼈)
14. 요추(허리뼈)
15. 흉골(복장뼈)
16. 늑골(갈비뼈)
17. 장골(엉덩이뼈)
18. 좌골(궁둥뼈)
19. 대퇴골(넓다리뼈)
20. 슬개골(무릅뼈)
21. 경골(정강뼈)
22. 비골(종아리뼈)
23. 족근골(두시발목뼈)
24. 종골(뒷발꿈치뼈)
25. 중족골(뒷발허리뼈)
26. 미추(꼬리뼈)

반려견의 뼈는 몸의 지지기관으로 작용하면서 몸 전체와 중요한 기관을 보호하고, 움직임이 가능한 여러 관절로 나뉘어져 있습니다. 여기에 부착된 근육에 의해 운동기관으로서 작용할 수 있습니다. 여러개의 뼈들은 관절에서 만나고 견종에 따라 뼈의 두께도 달라지는데, 일반적으로 힘을 쓰는 용도에는 두꺼운 뼈를 가진 반면 속도가 요구되는 견종은 가늘고 억센 뼈가 요구됩니다. 뼈는 체중을 지탱하고 외부의 충격으로부터 장기를 보호하며, 근육과 함께 여러 형태로 역할을 합니다.

2. 견체 근육

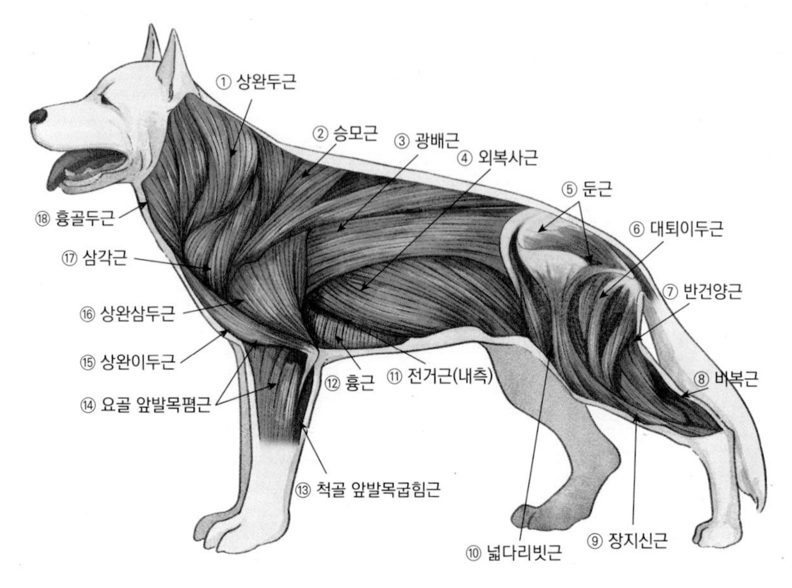

그림 2.2 견체 근육 명칭

▸ 골격 구성

1. 상완두근(상완머리근)
2. 승모근
3. 광배근(넓은 등근)
4. 외복사근
5. 둔근(둔부근)
6. 대퇴이두근
7. 반건양근(반힘줄모양근)
8. 비복근(장딴지근)
9. 장지신근
10. 넓다리빗근
11. 전거근
12. 흉근
13. 척골 앞발목굽힘근
14. 요골 앞발목폄근
15. 상완이두근
16. 상완삼두근(상완세갈래근)
17. 삼각근
18. 흉골두근(흉골머리근)

반려견의 근육은 신체 각 부위의 운동을 일으키고 형태를 유지합니다. 근육계는 움직임, 자세, 저작 및 소화, 호흡, 혈액 순환, 체온 유지의 기능을 가지며 신체를 움직이는 모든 일에 관여합니다. 근육의 양은 뼈의 굵기와도 관계가 있으며 많이 힘을 쓰는 동물은 굵은 뼈에 근육이 많고, 속도 위주로 활동하는 동물은 뼈에 길고 가는 근육이 붙게 됩니다.

3. 견체외부 명칭

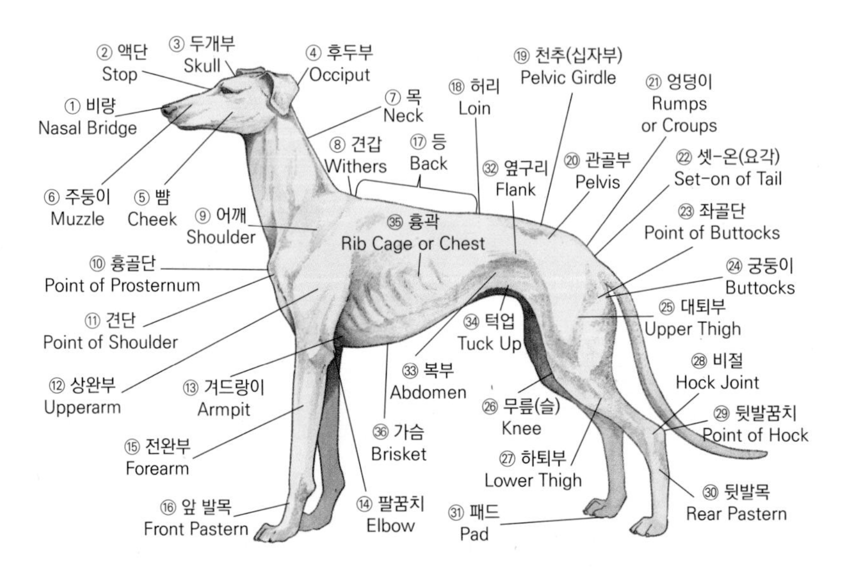

그림 2.3 견체 외부 명칭

▶ 골격 구성

1. 콧등 Nasal Bridge
2. 액단 Stop
3. 두개부 Skull
4. 후두부 Occiput
5. 뺨 Cheek
6. 주둥이 Muzzle
7. 목 Neck
8. 견갑 Withers
9. 어깨 Shoulder
10. 흉골단 Point of Prosternum
11. 견단 Point of Shoulder
12. 상완부 Upperarm
13. 겨드랑이 Armpit
14. 팔꿈치 Elbow
15. 전완부 Forearm
16. 앞 발목 Front Pastern
17. 등 Back
18. 허리 Loin
19. 천추 Pelvic Girdle
20. 관골부 Pelvis
21. 엉덩이 Rumps
22. 요각 Set-on of Tail
23. 좌골단 Point of Buttocks
24. 궁둥이 Buttocks
25. 대퇴부 Upper Thigh
26. 무릎 Knee
27. 하퇴부 Lower Thigh
28. 비절 Hock Joint
29. 뒷 발꿈치 Point of Hock
30. 뒷 발목 Rear Pastern
31. 패드 Pad
32. 옆구리 Flank
33. 복부 Abdomen
34. 턱업 Tuck Up
35. 흉곽 Chest
36. 가슴 Brisket

4. 반려견 피트니스 중점 운동부위

그림 2.4 중점운동 부위

1) 목: 경추관절 주변, 상완두근과 흉골두근
2) 어깨: 견갑골 주변, 승모근, 상완근
3) 앞다리: 상완근과 전완근
4) 뒷다리: 대퇴골 주변, 대퇴부와 하퇴부
5) 엉덩이: 좌골단 주변, 둔부근
6) 코어: 복부, 등, 엉덩이, 대퇴부

제3장 반려견 피트니스

반려견 피트니스(Companion Dog Fitness)는 운동 구성의 조화가 중요합니다. 핵심적으로 반려견의 유연성, 근력, 균형, 체력에 효과적인 동작 수행을 위해서는 반려견의 신체 확인을 시작으로 마무리 운동까지의 과정이 필요합니다. 꾸준하고 체계적인 운동 과정은 반려견 동작의 정확성, 민첩성, 심폐지구력, 힘과 속도 등의 다양한 영역 발달과 신체 컨디션을 향상시킬 수 있습니다.

반려견 피트니스 운동 과정

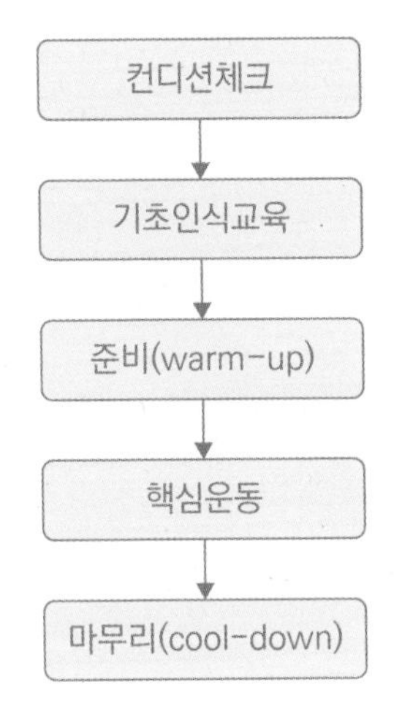

그림 3.1 반려견피트니스 운동 과정

1. 컨디션체크

1) 자 세

가장 먼저 반려견의 선 자세를 확인해야 합니다. 체중이 정상 범위에 있는지 확인하고, 반려견 전체 균형이 맞는지 스탠드 자세를 체크합니다.

* 네발로 선 기본자세를 유지할 때 치우친 쪽이 없는지
* 정면 견체의 좌우 비율이 맞는지
* 허리가 평행한지
* 다리의 방향이 돌아가지는 않았는지
* 비절의 위치가 지면과 수직을 보이는지
* 뒷다리의 위치가 엉덩이 좌골 뒤쪽으로 위치하는지

두 번째로 반려견의 앉은 자세를 확인합니다.

반려견이 정상적으로 앉은 자세에서 네 다리가 직선을 유지하고 정면 견체 안팎으로 빠지는 위치가 심한지, 정상적으로 무릎과 관절을 굽히는 데 불편함이 없는지 확인하여 관절이나 근육 질환이 의심되는 경우를 파악해야 합니다.

2) 보 행

말 그대로 반려견이 걷는 자세를 체크 합니다. 기본적인 상보 걸음걸이는 견종에 따라 형태의 차이가 있지만, 균형 잡힌 전진 운동이 이루어져야 좋은 체형이 만들어지고 골격의 균형이 잡힐 수 있습니다. 올바른 반려견의 보행에는 중심이동이 바람직하게 이루어지는 것에 기본을 두고 크게 흔들리지 않는 일정한 사지의 움직임과 적절한 보폭이 요구됩니다. 보행 자세 체크 시에는 미끄럽지 않은 바닥에서 10보 이상 연속된 보행을 확인하되 2회 이상 반복 동작을 진행합니다. 견종마다 체형에 따른 다양한 보행 형태를 보이는데, 이 때 일상적으로 보이는 보통 반려견의 걸음걸이에서 보행 자세뿐만 아닌 전신의 움직임, 활력, 통증 유무 등을 관찰할 수 있어 부적절한 습관이나 질병을 유추해볼 수 있습니다. 반려견 운동은 건강증진과 예방

차원에서 계획해야 하며 질병이 의심되는 경우 건강검진을 먼저 받아보는 것이 좋습니다.

* 좌우 균형이 맞는지
* 머리나 몸체의 상하 움직임이나 휘청거림이 있는지
* 빠른 걸음이나 원형 보행에서 파행이 있는지

3) 관절가동 범위

반려견 관절의 가동범위는 관절의 기능을 나타내는 하나의 지표입니다. 관절 가동범위 체크로 관절 질환 유무를 평가할 수 있으며, 꾸준한 운동을 통한 근육 및 관절 관리는 질병을 예방하는 데 도움을 줄 수 있습니다. 개체마다 해당 부위의 유연성이나 가동범위가 다르기 때문에 관절 가동범위 체크 시에는 각 관절을 최대로 폈을 때와 굽혔을 때의 각도를 확인하면서 반대쪽의 다리와 비교하여 불편함이 있는지 옆으로 눕혀서 확인 합니다. 관절 가동범위 체크는 운동 시의 부상 방지 및 정확한 동작 만들기에 필수적인 체크 요소라고 할 수 있습니다.

관절가동 앞발목1

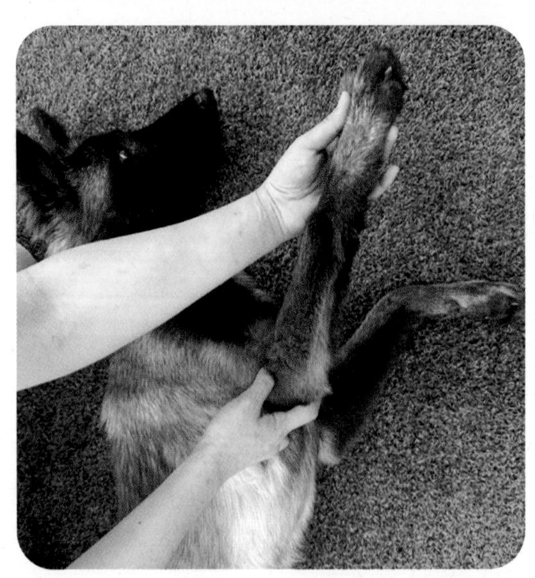

관절가동 앞발목2

* 앞발목: 전완부를 지지하고 앞발을 잡고 부드럽게 굽혔다 펴 준다.

관절가동 어깨1

관절가동 어깨2

* 어깨: 견갑골을 지지하고 어깨관절을 굽혔다 펴 준다.

관절가동 고관절1

관절가동 고관절2

* 고관절: 대퇴골을 지지하고 무릎을 굽혔다 펴준다.

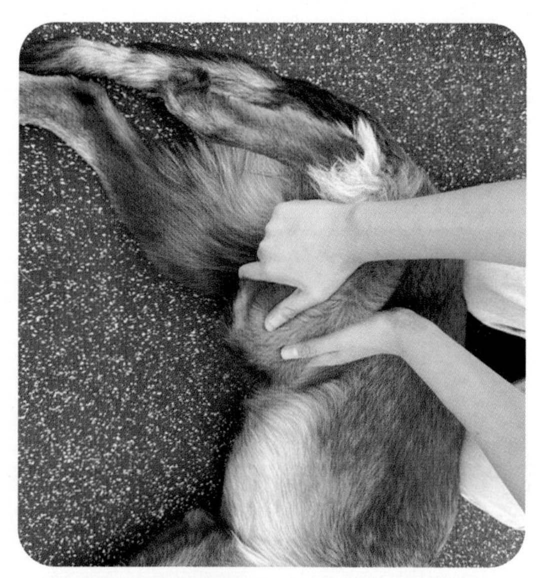

관절가동 무릎1

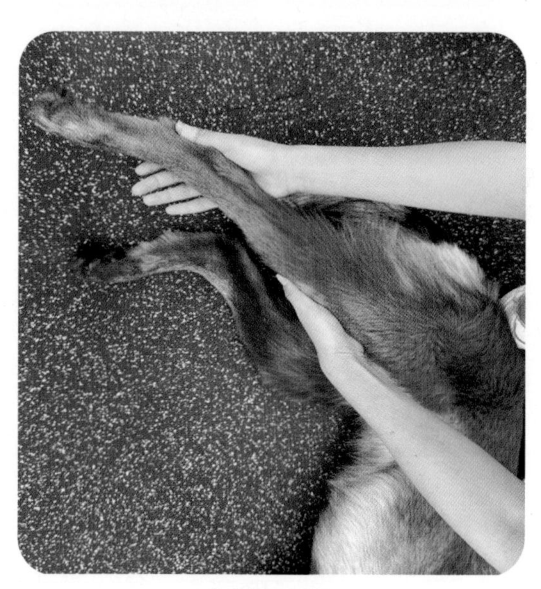

관절가동 무릎2

* 무릎: 한 손으로 대퇴부를 지지하고 하퇴부를 잡고 부드럽게 굽혔다 펴준다.

4) 스트레스 수준

반려견의 신체 컨디션 외에도 정서적인 안정감을 갖고 스트레스가 없는지 확인할 필요가 있습니다. 스트레스 수준 및 피로도 관찰은 매우 중요한 컨디션 체크입니다. 평소 강도보다 과한 레벨의 운동이나 너무 길어지는 시간, 핸들러의 미숙한 의사소통 등은 반려견에게 스트레스를 줄 수 있으며 자신을 진정시키기 위한 반려견의 카밍시그널 행동을 시각적으로 관찰하여 확인할 수 있습니다.

* 평소 해오던 동작을 거부하는 경우
* 근육의 경련이 있거나 사지가 떨림
* 고개를 돌리는 경우
* 몸을 긁거나 털고, 혀를 낼름거리거나 하품
* 앞발 들기, 부동자세 등

2. 기초인식 교육

반려견이 다양한 운동을 수행하기 위해서는 기초인식 교육이 필요합니다. 신체를 인지하는 기초교육은 신체와 두뇌 발달에 영향을 주고, 운동의 기초로서 다양한 동작을 수행할 수 있는 능력을 만듭니다. 반려견의 기초인식 교육은 3주 이상의 강아지 때부터 가볍게 시작하는 것이 좋으며, 3주 이상의 사회화기를 시작으로 4개월령의 유아기까지는 두뇌 발달에 적합한 시기로서 반려견 기본교육의 동작인 '앉아, 엎드려, 서, 기다려, 앞발주기, 뒷발주기, 피봇(앞다리, 뒷다리 타겟), 뒤로 걷기 동작' 등이 효과적입니다.

기초인식 '엎드려'

기초인식 '서'

기초인식 '앞발'

기초인식 '뒷발'

기초인식 '피봇앞발'

기초인식 '피봇뒷발'

3. 준 비(Warm-up)

반려견 운동을 시작하기 전에 준비운동 시간이 필요합니다. 스트레칭을 시작하기 전에 일반적인 걷기를 시작으로 속보를 섞어 환기시키고, 터그 놀이를 포함한 스트레칭으로 가볍게 웜업 해 줍니다. 반려견의 스트레칭 동작은 수동적, 능동적으로 실시할 수 있습니다.

1) 터 그

터깅(Tugging)은 반려견이 좋아하는 장난감이나 물기 전용 터그로 당기면서 몸을 풀 수 있는 놀이로 핸들러와의 상호작용에도 도움이 됩니다. 웜업 시에 뒷다리는 서 있는 상태를 유지하거나 아래로 내려주어 앞다리에 힘을 쓰게 해주고, 앉은 상태에서는 터그를 윗 방향으로 당기면서 뒷다리를 사용하여 힘이 가해지게 하여 물고 당기는 자세를 10초 이상 반복하면서 준비운동을 할 수 있습니다.

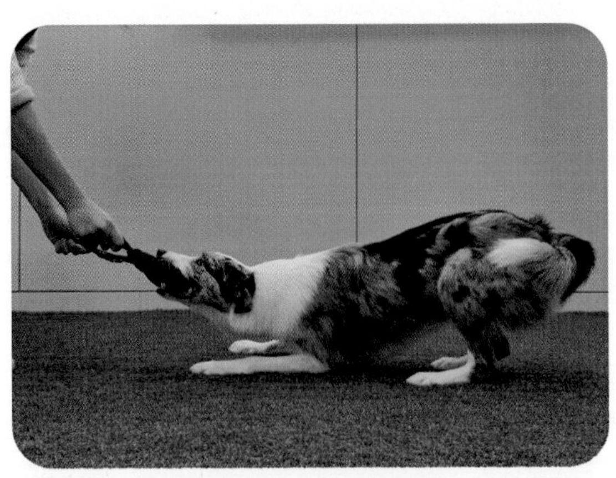

준비 터그앞다리

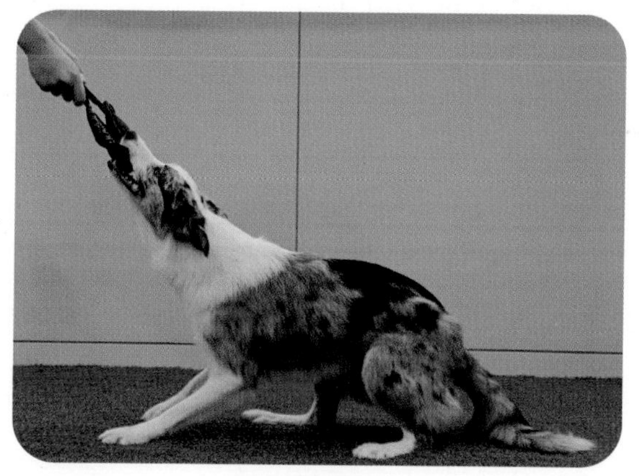

준비 터그뒷다리

2) 수동 스트레칭

스트레칭은 기본적으로 연부 조직과 뼈 사이의 유착을 방지하고, 근육 및 연부조직의 유연성 개선과 부상을 예방합니다. 수동 스트레칭은 핸들러가 외부 힘을 가해 관절을 움직이고 근육을 이완시키는 준비 동작입니다. 이 때 반려견은 긴장하지 않아야 하고 불편함을 느끼지 않게 편안한 환경을 만들고 익숙한 자세를 위해 10초 정도 3세트 이상으로 점차 시간을 늘려 가는 것이 좋습니다.

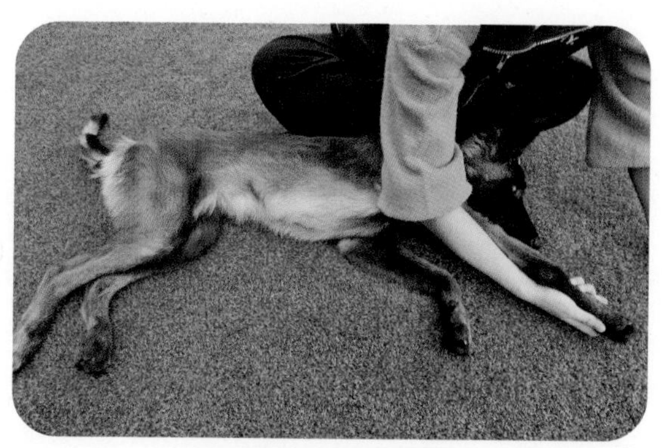

스트레칭 어깨 누워서

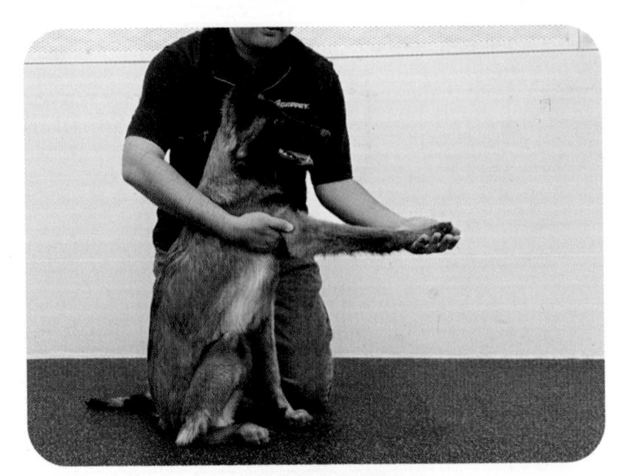

스트레칭 어깨 앉아서

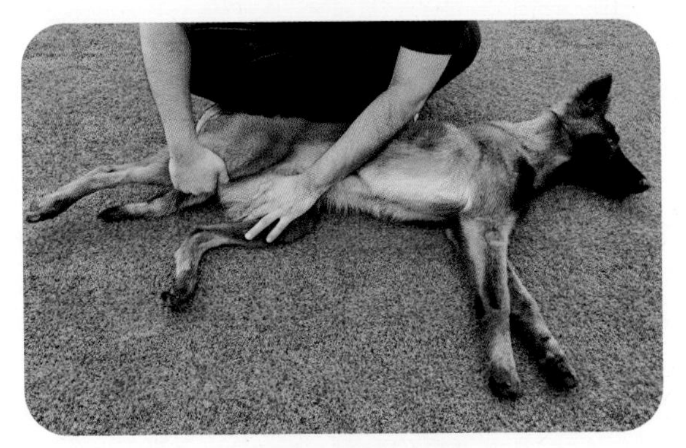

스트레칭 고관절 누워서

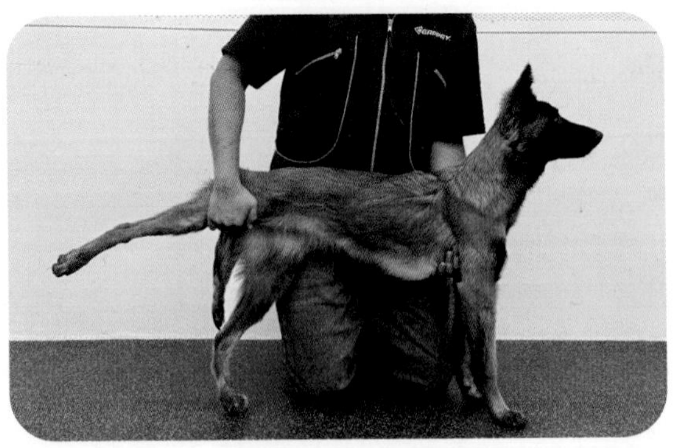

스트레칭 고관절 서서

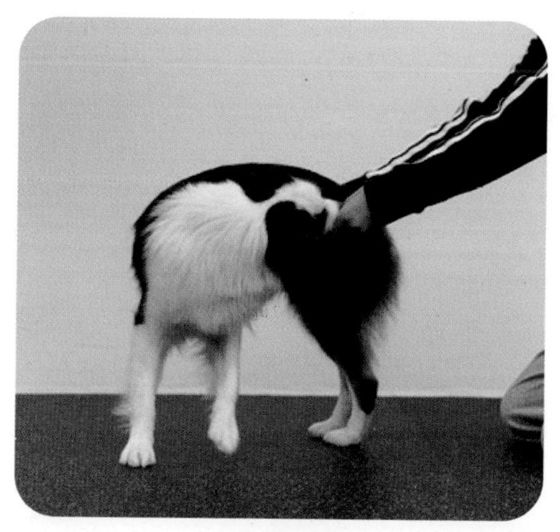

스트레칭 옆구리

스트레칭 뒤무릎쪽

3) 능동 스트레칭

반려견 스스로 할 수 있는 준비운동으로 능동 스트레칭 동작을 보상과 함께 만들어 주면서 보호자와 유대를 강화하는 것이 좋습니다. 앞발과 뒷발 주기로 시작해서 목과 전신 스트레칭, 스핀, 서기 동작 등을 활용한 다양한 스트레칭으로 본 운동 준비를 해주는 것이 좋으며, 동작들을 조금 빠른 속도로 섞어가며 관절과 근육을 준비할 수 있는 시간을 줍니다. 이 때, 기본적인 동작을 교육하는 시간을 갖고 보상을 사용하여 반려견에게 즐거운 시간이 시작됨을 인지시켜주는 것이 중요합니다.

스트레칭 목 위로

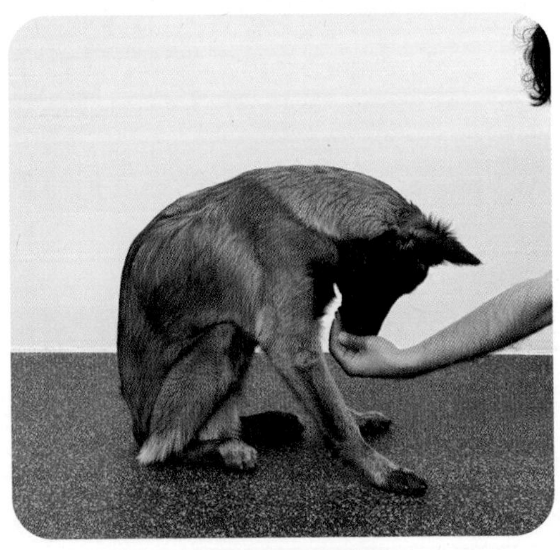

스트레칭 목 아래로

스트레칭 스핀

스트레칭 옆에 앉아

스트레칭 플레이보우

스트레칭 서기

4. 핵심운동

1) 유연성

반려견의 앞발과 뒷발, 전신을 사용하여 수동, 능동 스트레칭을 꾸준히 해주면 관절가동 범위가 점차 늘어납니다. 핵심 운동에서의 유연성과 관련한 동작은 이러한 스트레칭 동작을 기반으로 가능한 범위 내에서 운동을 실행하는 것입니다. 일반적으로 유연성의 크기는 관절의 가동범위에 의해서 결정되는데 유연성이 높아질수록 특정 동작 범위의 정확성, 민첩성, 부상 예방에 중요한 역할을 합니다. 유연성 운동은 유아기(약 3개월)부터 시작하면 좋고, 가능하면 매일 동작 유지를 반복 시행해야 효과적입니다. 반려견 개체별 나이와 신체 상태에 적절한 강도를 체크해야 하며, 과한 운동 범위는 스트레스를 유발하거나 병적 통증을 가져올 수 있으니 주의해야 합니다.

(1) 인 사

유연성 인사

- **동작요소**: 앉아, 머리 숙이기
- **운동부위**: 목, 허리
- 동작 만들기

* 앉은 자세 유지
* 먹이를 사용해 바닥에 시선이 유도되도록 동작 만들면서 지시어 주기
* 물품을 사용해 타겟 훈련을 완성하고 타겟을 바닥 위치에 두어 코로 터치 후 보상하기

(2) 스핀+사이

유연성 스핀

유연성 다리 사이

- 동작요소: 제자리 돌기, 다리 사이
- 운동부위: 목, 허리, 전신
- 동작 만들기

* 먹이 유도(루어링)를 통해 제자리에서 원을 그리며 회전과 함께 보상하기
* 한 발 먼저 앞으로 내밀고 다리 사이로 먹이 보상을 시작하여 움직임 만들기
* 다리 사이 통과 후 보상을 익히면 반대 발을 움직이면서 다리 사이 회전을 이어 나가기

(3) 푸쉬업+서

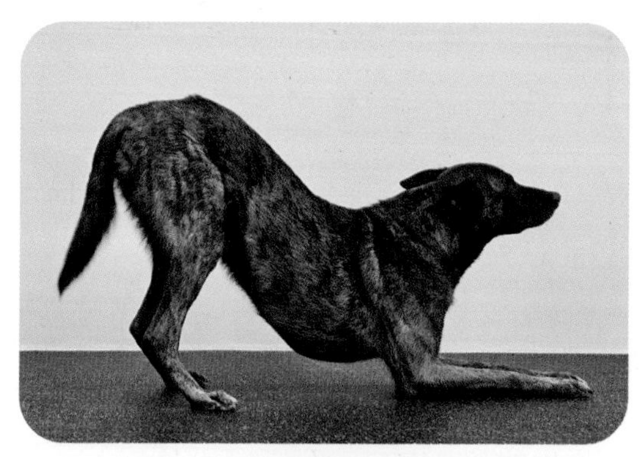

유연성 플레이보우

유연성 서

- 동작요소: 가슴내리기, 서, 기다려
- 운동부위: 어깨, 허리, 엉덩이
- 동작 만들기

* 훈련용 패드에 앞발 올리기 완성
* 먹이로 유인하여 앞가슴만 내려 앞 팔꿈치가 닿는 자세에서 보상하기
* 가슴 내리기 자세를 완성 후 이어서 먹이 보상으로 시선을 앞으로 빼면서 앞발 고정 후 먹이 서 자세 유지

(4) 하이터치

유연성 서기

유연성 터치

- 동작요소: 손, 서기, 하이파이브
- 운동부위: 뒷다리, 어깨, 코어
- 동작 만들기

* 사람이나 테이블 등에 앞발을 올리고 서 있는 자세 만들기
* 균형이 잡히면 보상물을 사용하여 뒷다리로 유지하게 반복 연습하여 자세 강화하기
* 선 자세에서 손을 내밀어 터치하는 자세에 보상하며 동작 강화

(5) 턴

유연성 턴1

유연성 턴2

- 동작요소: 회전
- 운동부위: 목, 허리, 전신
- 동작 만들기

* 콘이나 지지대 물품을 목표물로 두고 먹이 유도로 회전 동작 만들기
* 목표물을 턴 하고 핸들러에게 오게끔 불러서 보상하기
* 목표물을 가리키며 턴 지시어를 익히고 스스로 가서 회전하게끔 반복하기
* 짧은 거리에서 차츰 늘려가며 움직임의 강도 높이기

2) 근 력

근력운동은 근육에 힘을 불어 넣어 신체가 움직일 수 있게 합니다. 근육은 신체를 움직이게 하며 특정한 동작은 근육의 힘을 필요로 합니다. 근력 운동으로 근육을 강화하게 되면 반려견 신체 움직임의 질이 향상되고, 외부의 물리적 힘을 극복하는 데 큰 도움을 줄 수 있습니다. 반려견은 사지로 지탱하여 움직이기 때문에 앞다리, 뒷다리, 코어의 균형이 중요합니다. 코어(복부, 등, 엉덩이, 대퇴부) 근력은 무엇보다 신체 운동능력을 높이는 데 중요한 핵심근력으로 전신 밸런스 강화에 도움이 되는 핵심 운동이라고 할 수 있겠습니다.

(1) 2다리

근력 2다리

근력 2다리 크로스

- 동작요소: 터치 적응
- 운동부위: 앞다리, 뒷다리, 코어
- 동작 만들기

* 반려견이 신체 모든 부위에 스킨십과 터치 거부감이 없도록 유지
* 사지의 균형이 맞는지 확인 후 측면과 크로스로 들어주어 자세 만들기

(2) 경사로 앉아 & 서

근력 경사로 앉아

근력 내리막 서

- 동작요소: 앉아, 서
- 운동부위: 앞다리, 뒷다리 + *코어 밸런스 강화*
- 동작 만들기

* 도그워커, 시소 등 경사로 기구에 거부감이 없도록 발 먼저 올리고 보상과 함께 올라가는 시간 늘리기
* 앉아, 서, 기다려 유지

(3) 플랭크

근력 플랭크1

근력 플랭크2

- 동작요소: 가슴 내리기, 서
- 운동부위: 어깨, 허리, 복근, *코어 + 전신 밸런스 강화*
- 동작 만들기

* 기구에 앞다리, 뒷다리 올리기 자세 적응
* 바닥에서 앞가슴 내리기 자세 만들기 후 뒷다리 낮은 높이부터 올리고 동작 만들기
* 높이가 같은 두 기구 위에서 기다려 적응 후 높이와 거리 조정하면서 동작 유지하기

(4) 스쿼트

근력 스쿼트1

근력 스쿼트2

- 동작요소: 앞다리 올리기, 앉아
- 운동부위: 뒷다리, 어깨, 복근, 코어
- 동작 만들기

* 낮은 높이부터 앞발을 기구에 올리는 연습하기

* 앞발을 올리고 앉는 자세를 익히면 앞발을 고정하고 서게끔 먹이 유도로 일으킴

* 부담이 없는 높이로 동작을 수월하게 적응한 뒤 보상을 활용하여 앉고 일어서 자세를 서서히 반복하기

(5) 차렷

근력 차렷

- 동작요소: 앉아, 기다려
- 운동부위: 허리, 대퇴부, 엉덩이, 복근 + *코어 밸런스 강화*
- 동작 만들기

* 핸들러의 몸에 기대 앉아서 앞다리가 들리는 동작에서 반복 보상
* 엉덩이 뒤쪽의 벽이나 기구로 지지하면서 자세 만들기
* 서서히 스스로 차렷 앉은 자세가 나올 수 있도록 꾸준한 연습
* 먹이로 유도하여 위쪽을 바라보며 동작을 다듬고 지시어 적응

(6) 점프

근력 점프

- **동작요소:** 앉아, 올라가, 제자리 점프
- **운동부위:** 뒷다리, 복근, 대퇴부
- 동작 만들기

* 스스로 테이블 등 위로 올라가 동작하기
* 위로 뛰는 동작을 익힌 후 앉아서 위로 먹이 유도하여 제자리에서 낮게 점프하기
* 점프 동작과 동시에 보상하면서 자신감 있게 뛸 수 있도록 지시어와 함께 동작 반복하기

(7) 기어

근력기어

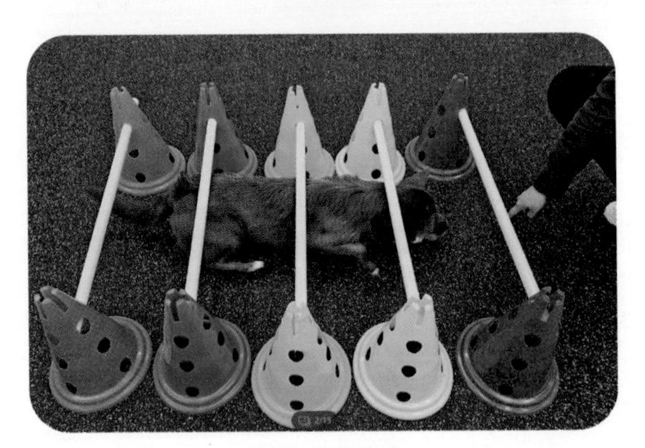

근력 아래기어

- 동작요소: 엎드려, 기어
- 운동부위: 앞다리, 뒷다리, 코어 + *전신 밸런스 강화*
- 동작 만들기

* 먹이 유도를 통해 테이블이나 기구 등 밑으로 엎드려 들어가는 동작 만들기

* 엎드려 움직임을 익히면 기구나 테이블 길이를 늘리면서 지시어 입히기

* 점차 기구를 제거하면서 짧은 거리부터 기어 동작을 지시어와 함께 보상하여 거리 늘리기

(8) 사이드 스텝

근력사이드

경사로사이드

- **동작요소**: 옆에 앉아, 서, 옆으로 걷기
- **운동부위**: 앞다리, 뒷다리, 복근, 엉덩이 + *전신 밸런스 강화*
- 동작 만들기

* 핸들러 좌측 옆에 붙어 앉아, 서 동작 만들기
* 핸들러가 오른쪽으로 한발씩 가면서 반려견이 옆으로 한걸음씩 움직이도록 먹이 보상
* 반려견과 마주보고 낮은 기구에 앞발을 올린 상태에서 먹이 유도를 통해 조금씩 이동
* 뒷발이 함께 움직여 일직선 자세를 정확히 유지 반복하면서 보상과 칭찬 반복

3) 균 형

반려견 신체의 균형(Balance)은 앞서 본 중요한 근력운동을 완성시킬 수 있는 핵심 운동입니다. 신체 균형과 근력은 신체보호를 위한 움직임을 조정하는 데 큰 도움을 주는 방어적 목적을 갖습니다. 전신 근육을 균형 있게 강화하면 몸의 움직임과 자세를 감지할 수 있는 고유수용감각 능력을 향상시키고 방향 전환이나 사지 반응의 속도를 조절할 수 있습니다. 근력과 마찬가지로 코어 밸런스 강화가 기본적으로 중요시되며, 주로 펫 피트니스 기구를 활용한 운동 실행으로 기본 동작 습득부터 기구 적응과 사용까지 꾸준한 교육이 중요합니다.

(1) 기구 앉아+서

① 핏 본

핏본앉아

핏본 서

- 동작요소: 올라가, 앉아, 서
- 운동부위: 앞다리, 뒷다리 + *코어 근력강화*
- 동작 만들기

* 기본 앉아, 서 동작 완성
* 낮은 패드나 테이블 위에서 앉아, 서 적응하기
* 장비 위에 올라가 적응 후에 앉아, 서 보상으로 자세 유지하기

② 도 넛

도넛 앉아

도넛 서

- 동작요소: 올라가, 앉아, 서
- 운동부위: 앞다리, 뒷다리 + *코어 근력강화*
- 동작 만들기

* 기본 앉아, 서 동작 완성
* 낮은 패드나 테이블 위에서 앉아, 서 적응하기
* 쉬운 장비부터 위에 올라가 적응 후에 앉아, 서 보상으로 자세 유지하기

③ 로커보드

보드 앉아

보드 서

- 동작요소: 올라가, 앉아, 서
- 운동부위: 앞다리, 뒷다리, 복근, *코어 + 전신 밸런스, 근력강화*
- 동작 만들기

* 기본 앉아, 서 동작 완성

* 움직이는 기구에 차츰 적응하기 위해서 수평을 맞추어 고정하고 올라가기

* 기구에 거부감이 없다면 앞뒤로 움직임을 조금씩 주어 균형감각 늘리기

* 한번에 기구 움직임을 적응할 수 없는 점을 주의하고 자세 유지에 보상 활용하기

④ 워블보드

워블보드 서

워블보드 회전

- 동작요소: 올라가, 앉아, 서, 회전
- 운동부위: 앞다리, 뒷다리, 복근, 코어 + *전신 밸런스, 근력강화*
- 동작 만들기

* 기본 앉아, 서, 회전 동작 완성

* 움직이는 기구에 차츰 적응하기 위해서 지지물을 사용해 수평을 맞추어 고정하고 올라가기

* 기구에 거부감이 없다면 움직임을 조금씩 주어 균형감각 늘리기
* 스스로 선 동작이 익숙해지면 핸들러는 반려견과 마주 보고 코 앞쪽에 먹이 유도를 통해 한쪽 방향으로 짧은 회전 움직임 주기
* 넘어지거나 큰 움직임에 놀라지 않도록 주의하고 자세 유지와 보상을 잘 활용

(2) 피봇 회전

균형 피봇1

균형 피봇2

- 동작요소: 앞발올려, 뒷발올려, 회전
- 운동부위: 앞다리, 뒷다리, 복근, 엉덩이 + *코어 근력강화*
- 동작 만들기

* 매트를 포인트로 앞발이나 뒷발을 올리면 보상하여 동작 완성하기
* 밸런스 디스크나 기구 위에 앞발이나 뒷발을 올려 동작 만들기
* 정면에서 반려견과 마주 보고 회전 방향으로 한발 이동 후 고정하지 않은 발로 따라 움직이면 보상하기, 이 때 코 앞에서 먹이로 유도하여 조금씩 움직이기
* 정면을 마주 본 자세로 조금씩 회전하면 보상을 시작하고 점차 회전 걸음 수 늘리기

(3) 그라운드 스틱

균형 그라운드

- 동작요소: 걷기, 사지보행
- 운동부위: 발목, 복근
- 동작 만들기

* 바닥에 스틱을 4-5개 깔고 먹이로 유도하여 밟지 않고 걷게 보상하기
* 스틱 사이에 발을 하나씩 딛고 앞으로 보행을 익히면 배치 간격과 스틱 개수를 다양하게 늘려 이동하기

(4) 카발레티

균형 카발레티

- **동작요소:** 걷기, 사지보행
- **운동부위:** 사지, 발목, 어깨, 엉덩이 + *전신 근력강화*
- 동작 만들기

* 그라운드 스틱 동작으로 시작하기

* 낮은 높이부터 걷기 유도하기

* 허들과는 다른 안정된 걷기 동작으로 흥분하지 않게 차차 높이를 높여 운동하기

(5) 허들

- 동작요소: 뛰어, 타겟팅
- 운동부위: 전신 밸런스 + *코어 근력강화*
- 동작 만들기

* 바닥 스틱을 지나는 정도로 기구 적응을 시작해도 좋으니 기구에 대한 거부감 없애기
* 처음에는 리드줄을 사용하여 허들 밖으로 벗어나지 않게 사정 거리를 잡고 손동작으로 뛰어넘는 방향을 알려주기
* 손 방향의 지시에 따라 손을 타겟 신호로 인지시키기
* 낮은 높이를 시작으로 허들을 넘으면 보상하고 기구와 지시어를 인지하면 줄 없이 시작하기

(6) 사이드 허들

균형 사이드허들

- 동작요소: 뛰어, 타겟팅
- 운동부위: 전신 밸런스 + *코어 근력강화*
- 동작 만들기

* 스틱을 넘는 동작과 허들을 넘는 동작을 완성하고 "뛰어" 지시어 먼저 익히기

* 핸들러는 허들 측면에서 반려견과 마주보고 좌, 우로 손동작을 주며 반대쪽으로 넘어올 때 보상하기

* 높이를 조금씩 높혀가며 강도를 높이고 지시어와 함께 움직이도록 반복하기

(7) 도그워크&시소

- 동작요소: 올라가, 타겟팅
- 운동부위: 전신 밸런스 + *코어 근력강화*
- 동작 만들기

* 지면에서 높은 기구 적응에는 자신감이 필요하므로 먹이를 사용하여 기구 위 올라서는 연습을 보상으로 꾸준히 하기
* 먹이를 활용한 루어링으로 방향을 잡고 한 걸음씩 늘리며 움직이기

* 시소 적응에는 경사로 움직임과 진동에 거부감을 주의해야 하므로 시작할 때 한쪽에 고정할 수 있는 지지물을 받쳐놓고 오르고 내리기를 적응하기
* 시소 지지물을 낮추면서 진동에 적응하는 시간을 차차 갖고 양쪽으로 상하 움직임 늘리기
* 스스로 한쪽으로 올라가 반대 끝점에 선 자세로 시소를 내려 반동에 적응할 수 있게 끔 유도 반동의 격차를 조금씩 늘리기
* 도넛, 핏본, 워블보드 등의 기구를 활용한 균형 운동으로 코어와 전신 밸런스 감각을 키워주기

4) 체 력

체력은 유산소 지구력이라고도 합니다. 운동 수행을 위한 기본적인 신체 능력을 말하며, 반복적으로 수행하는 체력운동은 신체가 움직이는 필요한 에너지를 제공합니다. 체력강화 운동은 1년 이상 충분히 건강한 상태의 성견에게 필요한 운동이며, 어린 자견과 노령견의 경우 신체 유지에 따른 조절이 중요합니다.

(1) 달리기

체력증가를 위한 중, 장거리 달리기는 30초에서 수 시간에 유산소 대사 에너지를 활용하므로 신체 에너지를 늘리고 심폐기능을 향상시키기 위해 필요한 운동입니다. 예로 캐니크로스(Canine Cross)는 전 세계적으로 사람과 반려견의 유대와 체력증진에 이점을 살린 독스포츠로 인기가 높습니다. 반려견과 보호자의 팀워크가 필요하고 기본적인 신체 능력을 키우기에는 반려견 컨디션에 적합한 달리기가 매우 좋은 운동이라 할 수 있습니다. 다만, 평소 근육량 부족 및 질환 발생 방지를 위해 건강한 성견의 신체능력 상태를 항상 체크 할 필요가 있습니다. 체력 관리를 위해서는 반려견의 컨디션과 신체 능력에 맞는 강도의 달리기를 꾸준히 해주는 것이 좋습니다.

(2) 경사로 달리기

평지의 달리기는 근력과 균형 능력 향상에는 한계가 있습니다. 반려견의 코어 능력과 근육발달, 균형감각의 수준이 건강한 상태를 유지한다면 체력강화를 위한 오르막에 오르기가 도움이 됩니다. 달리기와 마찬가지로 서서히 시간이나 속도를 높혀가는 흐름으로 평지보다는 경사로 오르막에서의 달리기 시간을 늘리는 것이 심폐기능과 더불어 다리 근육과 코어 강화에 도움을 줍니다.

(3) 수중런닝, 수영

사람들도 관절 건강을 위해 수중 운동을 많이 합니다. 수중 런닝은 물의 부력을 통해 반려견의 관절과 뼈에 스트레스를 최소화하면서 근육까지 강화할 수 있는 운동입니다. 따뜻한 온도를 유지하여 물 속 걷기 운동을 할 때 반려견의 근육이 이완되어 혈액 순환에 도움을 주고, 물의 저항으로 많은 힘이 사용되며 근력이 향상되고 유산소 운동을 할 수 있습니다. 일반적으로 물을 활용한 운동은 수영이 대표적입니다. 물에 들어가는 적응을 시작으로 보호자와 함께 긍정적인 환경에서 놀이를 병행한 수영은 반려견의 전신 운동에 큰 도움이 됩니다.

(4) 계단 오르기

보호자의 근력운동에도 도움이 되는 계단 오르기는 반려견에게 좋은 운동이 될 수 있습니다. 다만, 6개월 이상의 반려견 중 관절에 이상이 없고 건강한 개체에게 도움이 되며 시간과 강도는 조금씩 늘려 규칙적으로 실행하는 것이 좋습니다. 계단을 내려오는 경우 관절에 무리가 올 수 있지만 오르는 자세에서는 뒷다리 근력과 어깨, 코어 강화에 도움을 줍니다. 노령견의 경우 질병이나 통증 유발에 원인이 될 수 있으니 일반적인 산책이 적합합니다. 함께 계단을 오르는 운동을 할 때는 바닥 질감이 미끄러운지 확인하고, 반려견의 체고에 맞게 부담스럽지 않도록 진행합니다.

5. 마무리(Cool-down)

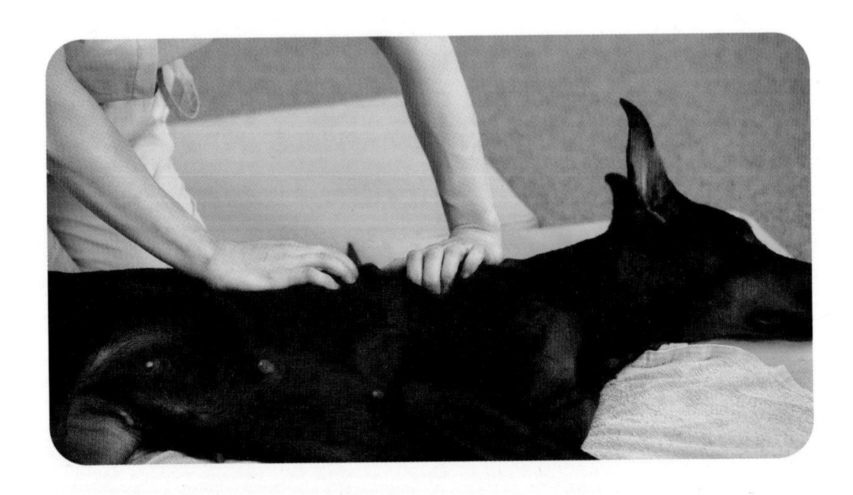

운동 후에는 항상 신체를 풀어주기 위한 마무리 운동이 필요합니다. 1분 정도 보행해주고 반려견의 호흡이 안정되는 것을 확인합니다. 함께 정신적 휴식을 가질 수 있도록 시간을 보내면서 신체를 터치하며 근육들을 마사지 해주는 것이 좋고, 운동하면서 수축과 이완을 반복한 근육과 관절의 안정을 위해서 부위별 냉찜질을 해주는 것이 도움이 됩니다. 외부 운동 후에는 산책 후와 마찬가지로 타올링을 통한 이물질 제거와 함께 피부, 안면, 발바닥 상태 체크를 하면서 호흡을 가다듬고 휴식을 취할 수 있도록 합니다.

제4장 펫테이핑

1. 펫테이핑의 개요

1) 스포츠 테이핑이란

스포츠 테이핑은 밀착성 테이프의 압박, 수축, 장력 등을 최대한 살려 신체 조직에 과도한 부담 없이 상해 부위의 지지와 보호 및 예방을 하게 하는 효과적인 처치방법입니다. 스포츠 테이핑은 각종 스포츠 현장에서 돌발적으로 발생되는 운동 부상을 최소화하고 보조 수단으로 훈련 시 고정, 응급 처치 등을 위한 목적으로 사용이 됩니다. 또한, 운동 중 부상이 예측되는 부위에 미리 테이핑을 함으로써 부상을 미연에 예방하며, 특히 관절을 지지하는 인대를 지탱하면서 인대 방향으로 과도한 힘이 걸리지 않도록 관절의 움직임을 제한하는 보조적인 역할을 수행합니다.

스포츠 테이핑은 다양한 스포츠에 사용되고 있습니다. 1970년 일본의 카이로프로틱 치료사였던 켄쇼 카세에 의해 연구가 되었으며, 1988년 서울 올림픽에서 일본대표팀이 공식적으로 첫 테이핑을 사용하였습니다. 테이핑 요법은 1990년 미국을 통하여 빠른 발전을 이루며 현재는 전 세계적으로 상용되고 있습니다.

2) 펫 테이핑의 목적

테이핑 기법은 사람에게 적용하는 것과 같이 반려견에게도 근육, 관절 기능 개선과 더불어 신체의 자연 치유 능력을 도와 신체 건강에 도움을 줄 수 있는 장점이 다양하고 효과가 높습니다. 펫 테이핑은 반려견 신체 근육의 통증을 완화하거나 예방하기 위해서 사용하며, 피부에 부착시켜 혈액 순환이 잘 되도록 돕는 역할을 합니다. 펫 피트니스에서는 반려견 건강 예방을 위한 목적으로 펫 테이핑법을 주로 활용합니다. 또한, 수의학적으로 효과가 높기 때문에 반려동물의 질병에 의한 통증 감소, 관절의 지지, 혈액 순환, 수술 후 회복 등의 목적으로 동물병원에서도 활용하는 요법입니다.

펫테이핑

- **보호 및 보강**: 반려견 신체 스트레스를 회피하여 주는 것을 목적으로 관절의 동작을 제한합니다. 펫 테이핑은 근육에 약간의 압력을 가하면서 근육 활성화를 촉진하여 인대의 보호 및 보강 효과를 줍니다.
- **상해 예방, 심리적 효과**: 부상으로 인해 자신의 능력에 대한 불안을 느낄 수 있습니다. 부상 예방 부위를 테이핑함으로써 자신감을 향상시키고 안정감을 제공할 수 있습니다.
- **고정과 압박**: 펫 테이핑은 근육, 관절 또는 인대 주변에 적절한 압력을 가해 지원하는 역할을 합니다. 부상 부위에 안정과 피로감을 경감시켜 줍니다.
- **혈액 순환 촉진**: 펫 테이핑은 혈액 순환이 개선되며 부상 부위로 영양 공급 및 대사물질 제거를 촉진시킬 수 있습니다.

2. 펫테이핑 기법

1) 테이핑 형태

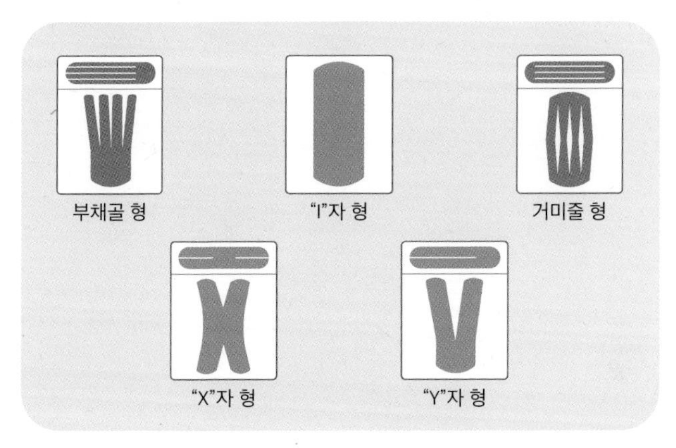

테이프 커팅 종류

테이핑의 다양한 형태는 사용되는 목적에 따라 구분되며 이러한 테이핑 기법은 반려견의 세부적인 신체 부위와 목적에 맞춰 다양한 효과를 제공합니다.

- **부채골 형**: 여러 가닥으로 나뉜 테이프를 부채꼴 모양으로 붙여 부드럽게 압력을 분산시키며, 림프 흐름을 촉진하거나 부종을 줄이는 데 주로 사용됩니다.
- **"I"자 형**: 테이프를 직선 형태로 붙이는 방식으로, 반려견의 근육이나 인대를 직접적으로 지지하거나 안정화하는 데 사용합니다.
- **거미줄 형**: 거미줄 모양으로 테이프를 붙여 넓은 면적을 커버하며, 주로 부종이나 염증 부위에 적용합니다.
- **"X"자 형**: 테이프를 X자 형태로 붙여 교차된 부위의 근육을 집중적으로 지지하며, 관절의 움직임을 안정화하는 데 유용합니다.
- **"Y"자 형**: 테이프를 Y자 형태로 나눠 근육의 시작과 끝을 감싸는 방식으로 적용하며, 특히 큰 근육 그룹을 지지하는 데 사용합니다.

2) 테이핑 장력

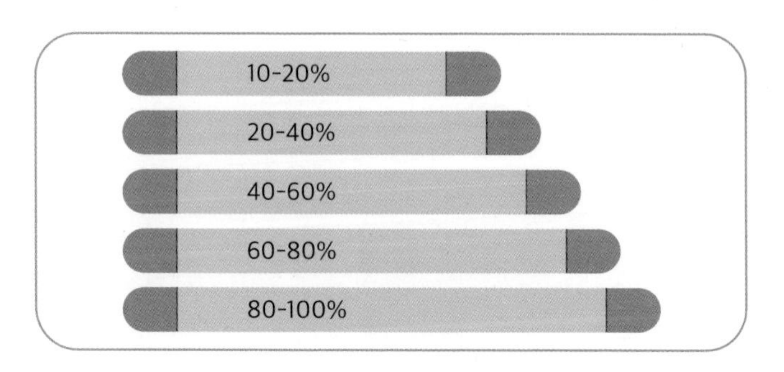

테이프 사용 장력

- 10-20%: 림프순환과 통증 적용
- 20-40%: 근 길이 신장/이완, 근력 강화
- 40-80%: 기계적 교정기법
- 80%-100%: 인대 기법

펫 테이핑에는 탄성이 있는 테이프를 사용합니다. 탄성이 있는 긴 테이프를 당겨주는 장력을 사용하는 이유는 근육과 관절을 지지하고, 회복을 촉진하며, 통증을 완화하기 위함입니다. 구체적으로, 장력을 준 테이프는 피부를 살짝 들어 올려 근막과 피부 사이의 공간을 확보해줍니다. 이로 인해 혈액 순환과 림프 흐름이 개선되고, 염증과 부종을 줄이는 데 도움이 됩니다. 또한, 부상 부위의 근육과 관절을 안정시켜 과도한 움직임을 방지하고, 신경을 자극하여 통증을 줄이는 효과도 있습니다. 테이핑 시 사용하는 장력의 정도는 상황과 부위에 따라 다르며, 올바른 장력을 사용하여 테이핑할 때 효과가 극대화됩니다.

3) 반려견 테이핑 기법

(1) 상완삼두근

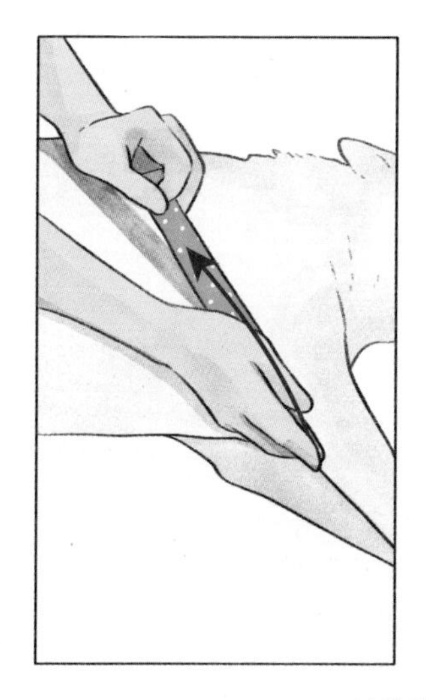
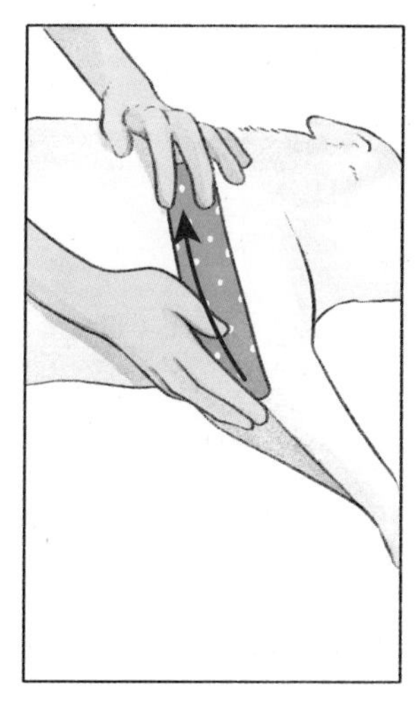

상완삼두근

- 테이핑법

* "I"자 형 모양 테이프 1개 준비
* 반려견이 긴장을 풀고 옆으로 누운 자세
* 팔꿈치를 펴고 25%정도의 장력으로 근위에서 원위로 부착
* 앞다리 기점부터 팔꿈치 부위까지 근육을 따라 적용

(2) 상완이두근

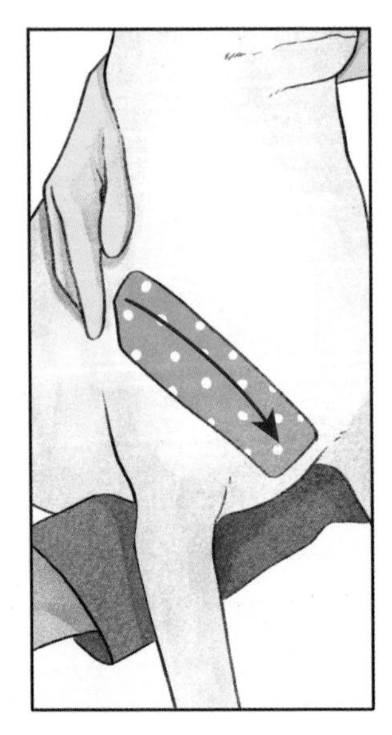

상완이두근

- 테이핑법
* "I"자 형 모양 테이프 1개 준비
* 반려견이 긴장을 풀고 앉아 있는 자세
* 50%장력으로 목표 부위 바깥쪽에서 안쪽으로 부착
* 어깨부터 팔꿈치 선까지 부착

(3) 신전근

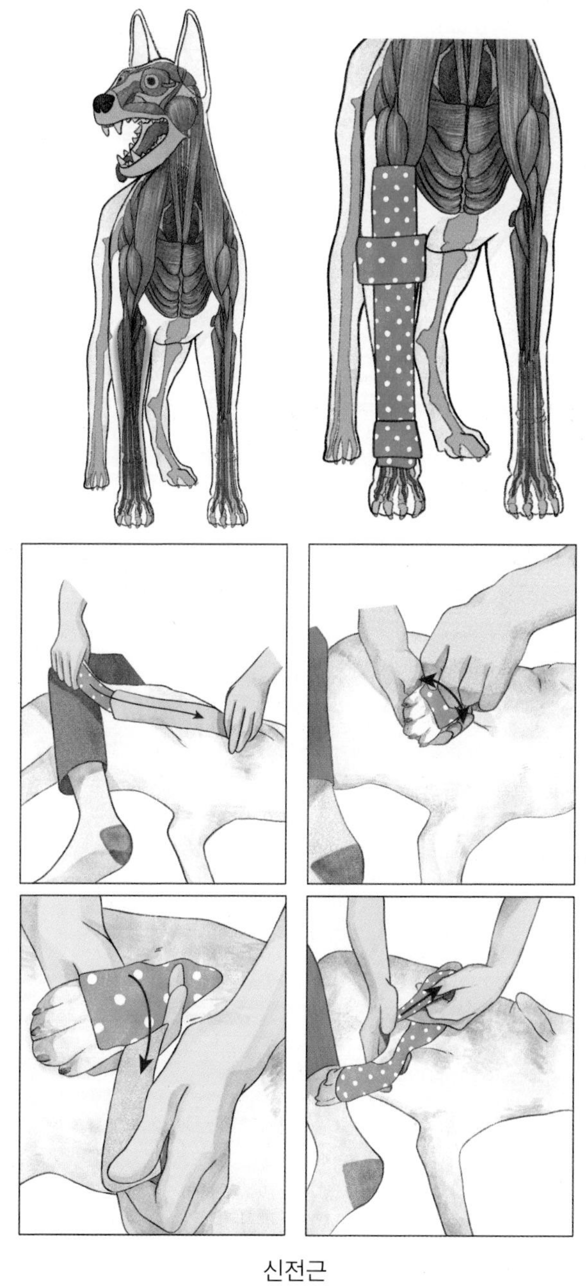

신전근

- 테이핑법

* "I"자 형 모양 테이프 3개 준비
* 반려견이 긴장을 풀고 옆으로 누워있는 자세
* 20%장력으로 신전근을 따라 부착(앞발 등부분부터)
* 50%장력으로 발목을 둘러 부착
* 30%장력으로 팔꿈치를 둘러 부착

(4) 앞가슴근육

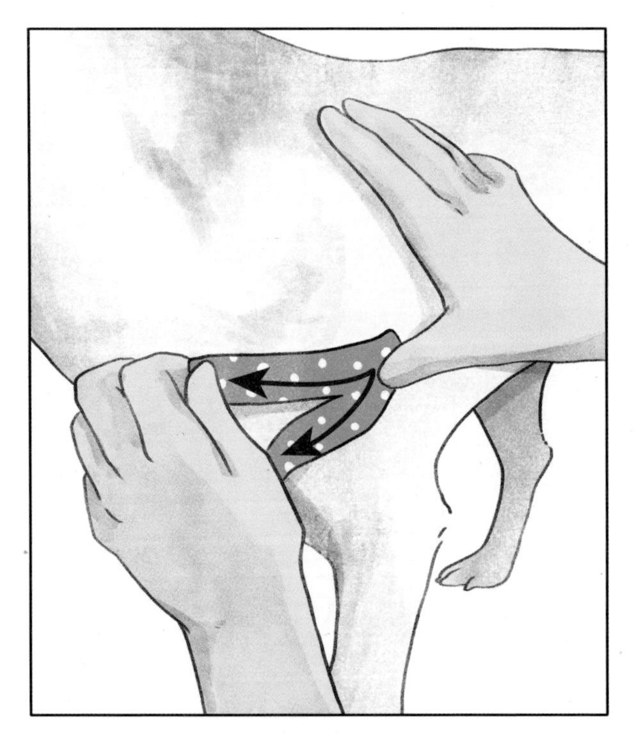

앞가슴근육

- 테이핑법

* "Y"자 형 테이핑 1개 준비
* 반려견이 긴장을 풀고 서 있는 자세
* 20%장력으로 어깨관절 바깥에서 흉골쪽으로 부착

(5) 흉근

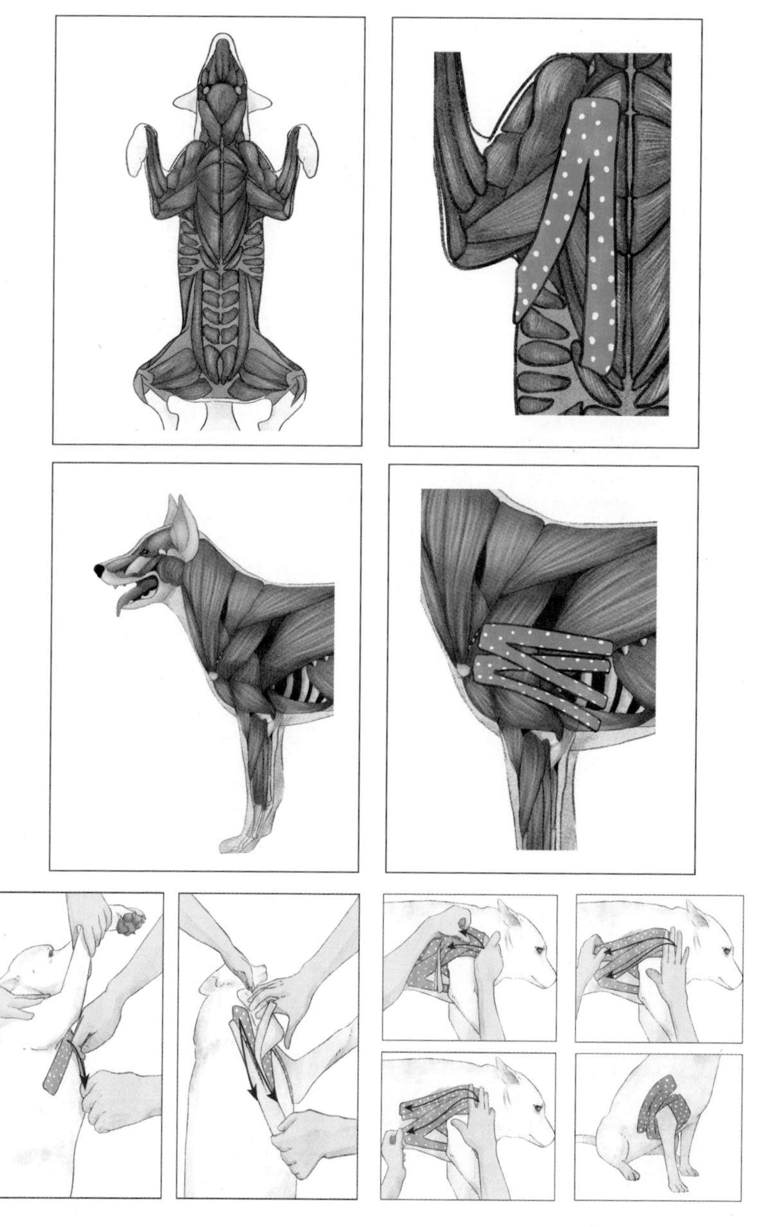

흉골

- 테이핑법

* "Y"자 형 모양 테이핑 3개 준비
* 반려견이 긴장을 풀고 옆으로 누워있는 자세
* 첫 테이핑 시작을 가슴 안쪽에 부착한 후 앞다리를 둘러 부착
* 앞다리를 들어 다리 앞과 뒤로 하나씩 부착
* 15%장력으로 어깨 앞 가슴 안쪽에서 복부 방향으로 부착

(6) 외복사근

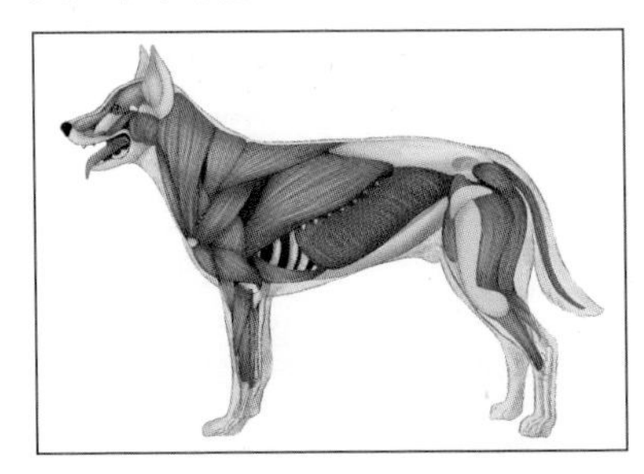
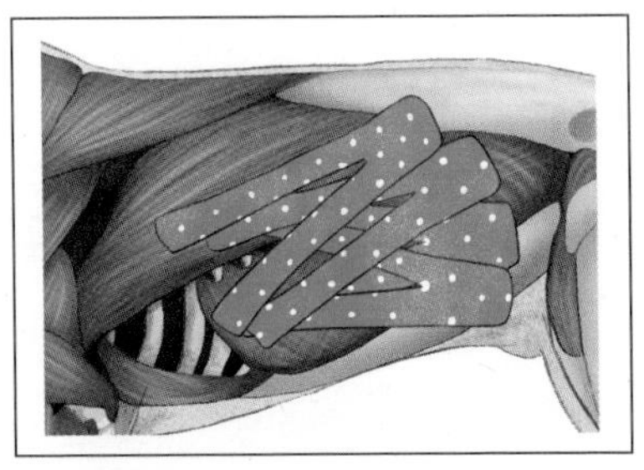
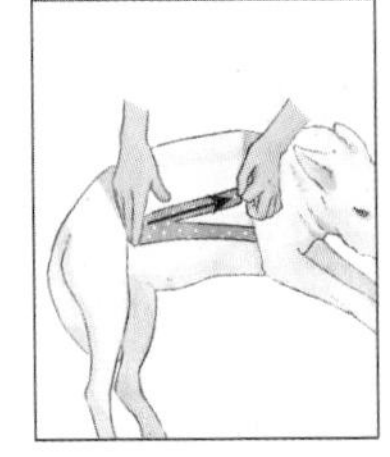
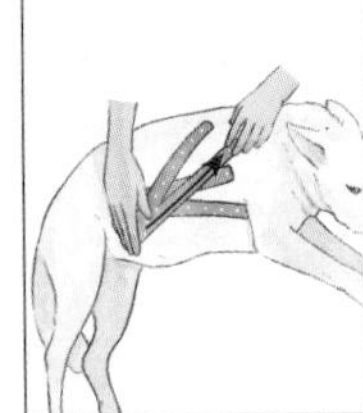
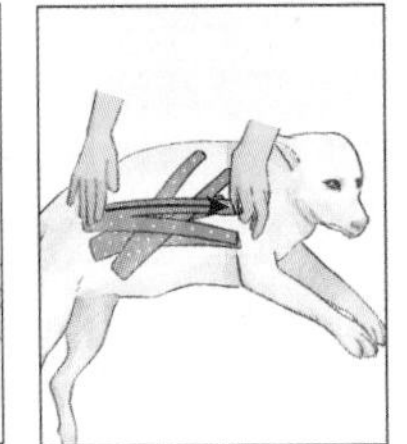
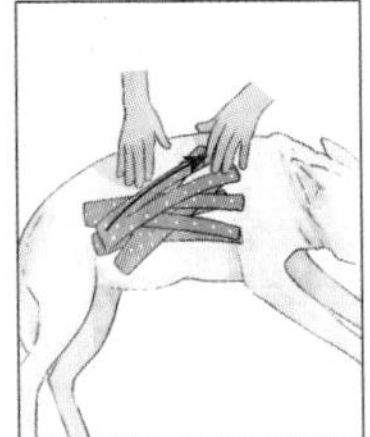

복부

- 테이핑법

* "Y"자 형 모양 테이핑 4개 준비
* 반려견이 긴장을 풀고 옆으로 누워있는 자세
* 15% 장력으로 하복부쪽에서 시작하여 Y자형 모양 중 하나의 끝을 잡고 겨드랑이 안쪽으로 부착
* 다른 하나는 어깨쪽으로 부착
* 첫 번째 테이핑과 나머지 테이핑들이 교차되게 부착

(7) 넓다리빗근

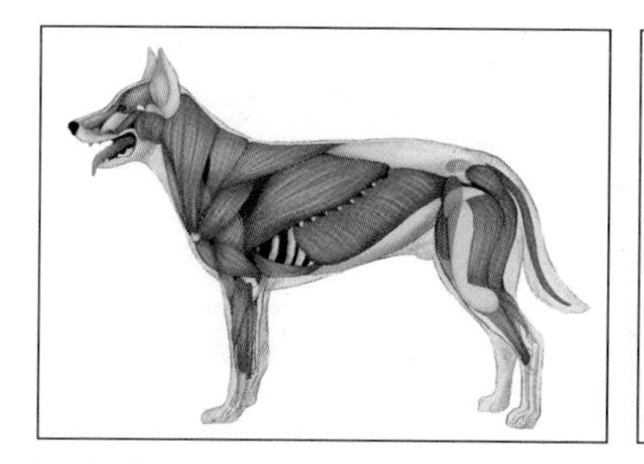
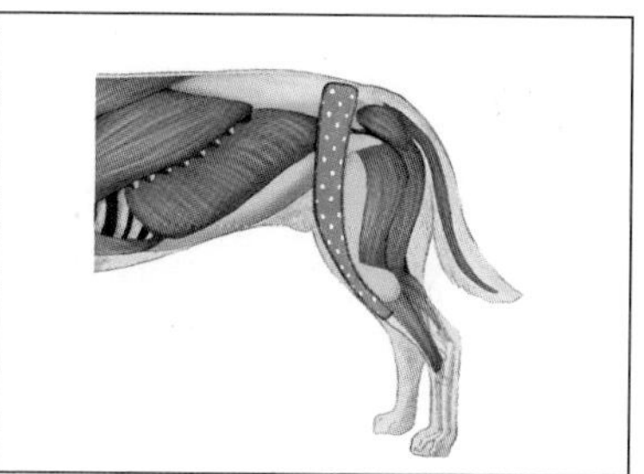
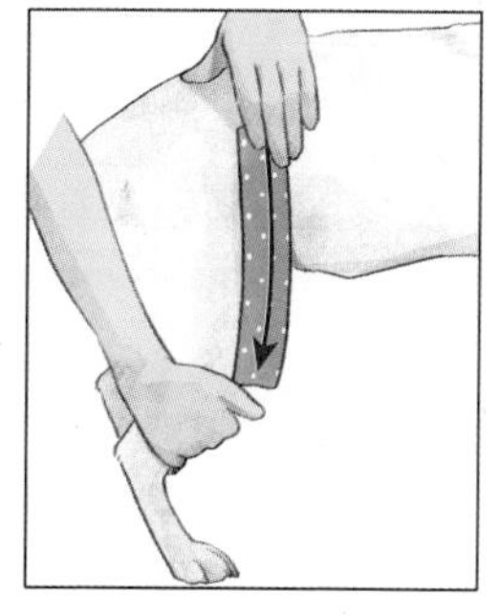
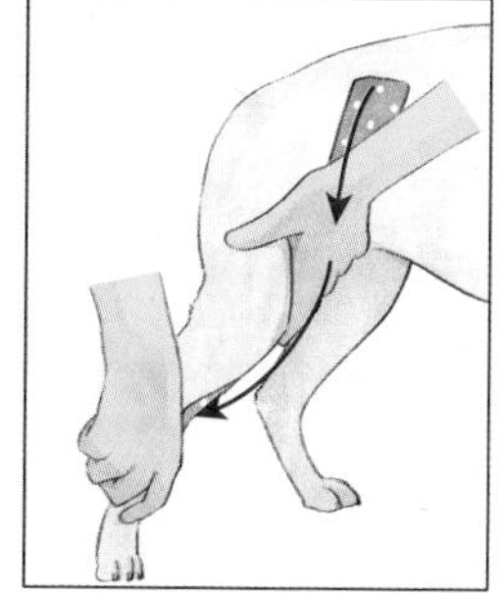
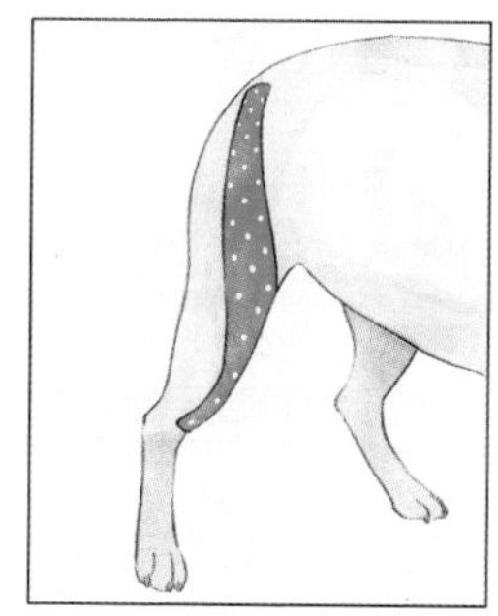

넓다리빗근

- 테이핑법

* "I"자 형 모양 테이핑 1개 준비
* 반려견이 긴장을 풀고 서 있는 자세
* 20% 장력으로 뒷발을 뒤로 젖힌 후 골반 앞쪽부터 허벅지 안쪽 방향으로 부착
* 허벅지를 더 뒤로 당기고 허벅지 안쪽 무릎 관절 안쪽 테이핑
* 골반 앞쪽에서 허벅지 안쪽 근육을 따라 부착

(8) 대퇴근막장근

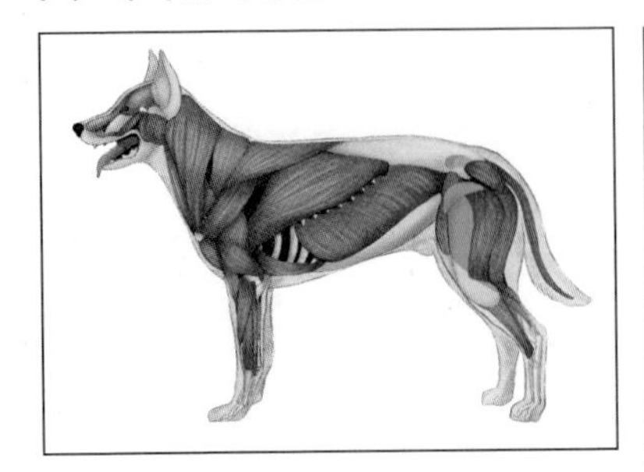

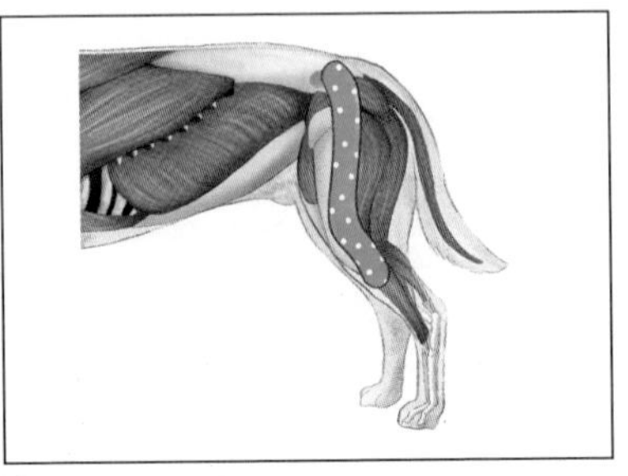

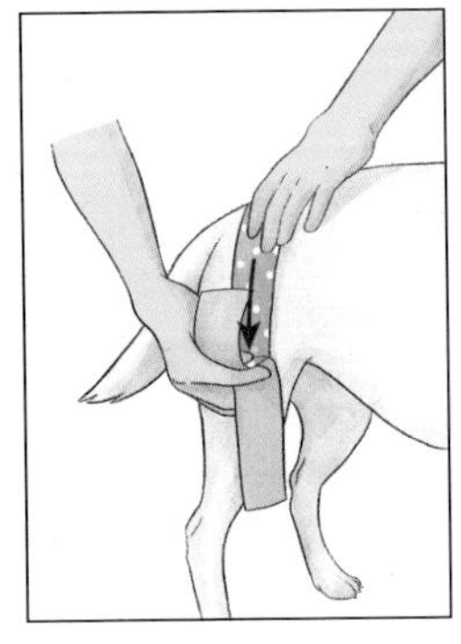

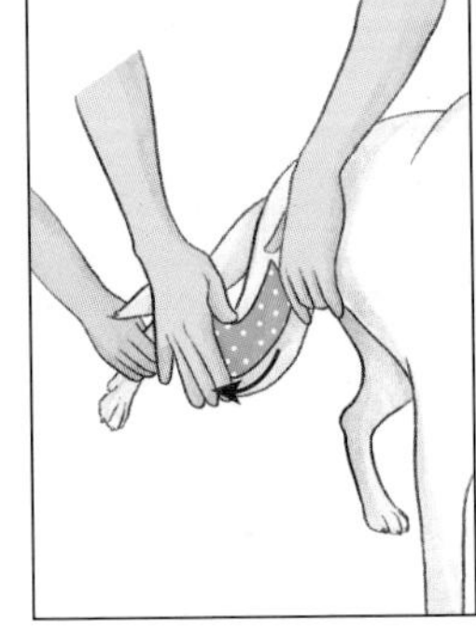

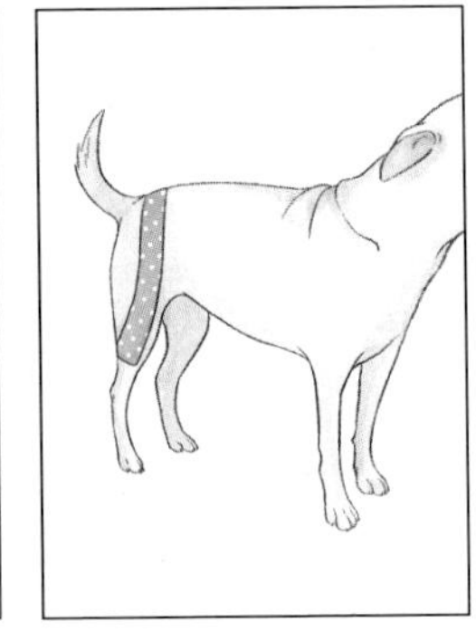

대퇴근막장근

- 테이핑법

* "I"자 형 모양 테이핑 1개 준비
* 반려견이 긴장을 풀고 서 있는 자세
* 15% 장력으로 테이프를 골반 위쪽과 바깥쪽에 고정
* 골반 위쪽부터 무릎관절 바깥쪽으로 부착
* 뒷다리를 아래쪽으로 당겨 허벅지 앞쪽 측면에서 무릎 관절 바깥쪽으로 부착

(9) 두덩정강근

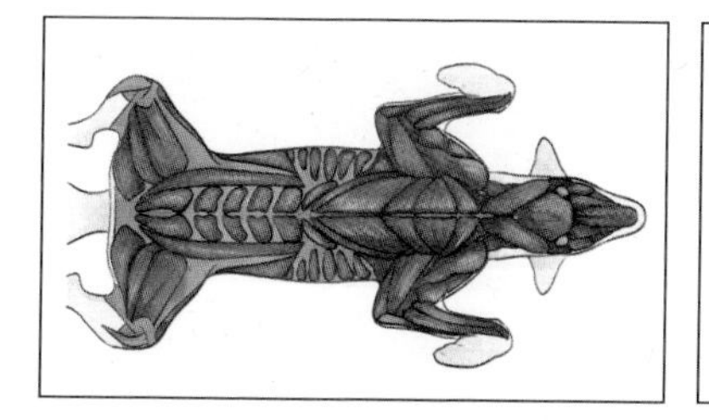

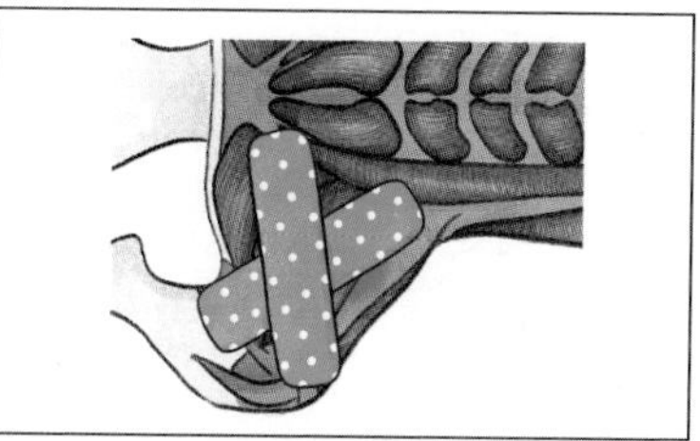

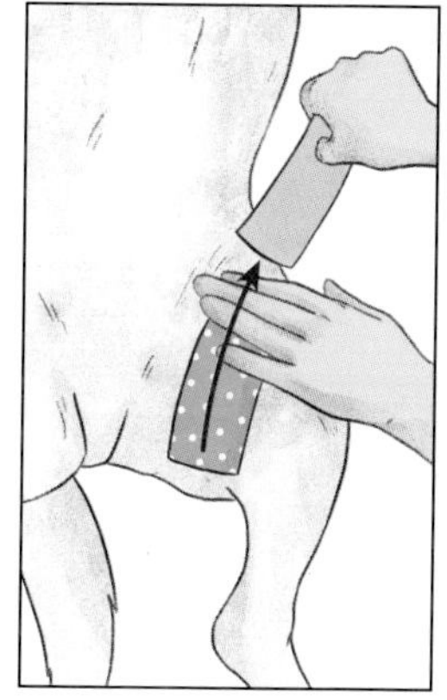

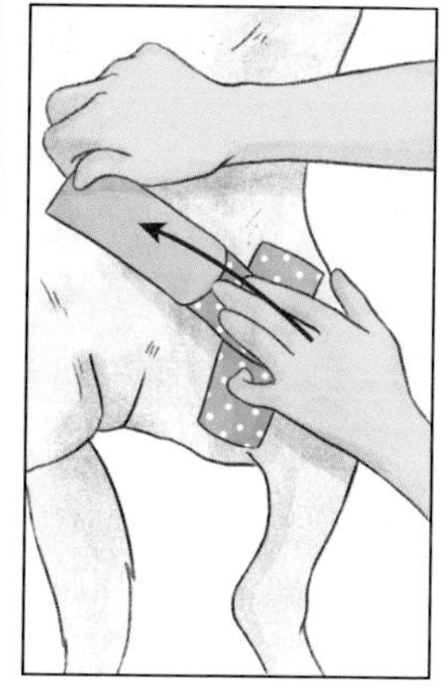

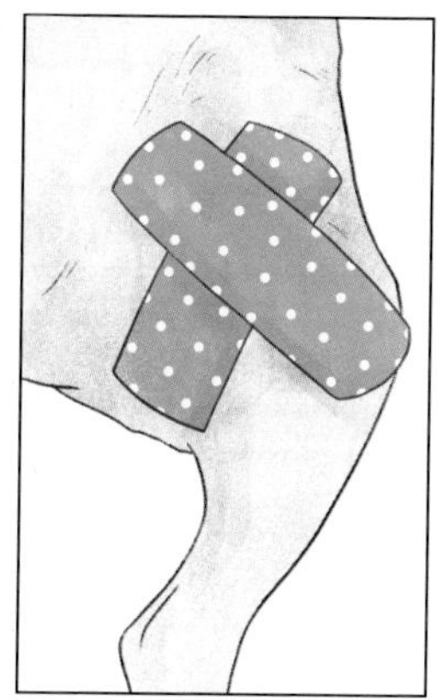

두덩정강근

- 테이핑법

* "I"자 형 모양 테이핑 2개 준비
* 반려견이 긴장을 풀고 배를 위로 누워있는 자세
* 15% 장력으로 무릎관절 뒤쪽, 허벅지 안쪽 앞쪽에서 시작(허벅지 위쪽 방향으로)
* 15% 장력으로 무릎관절 뒤쪽, 허벅지 안쪽 앞쪽에서 시작(무릎 관절 안쪽 방향으로)

(10) 굴곡근

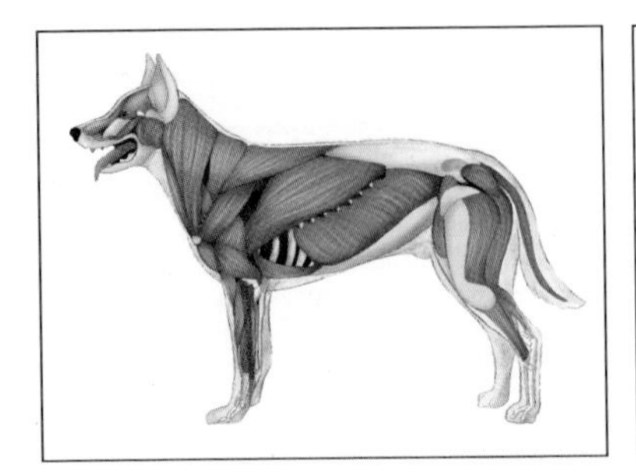
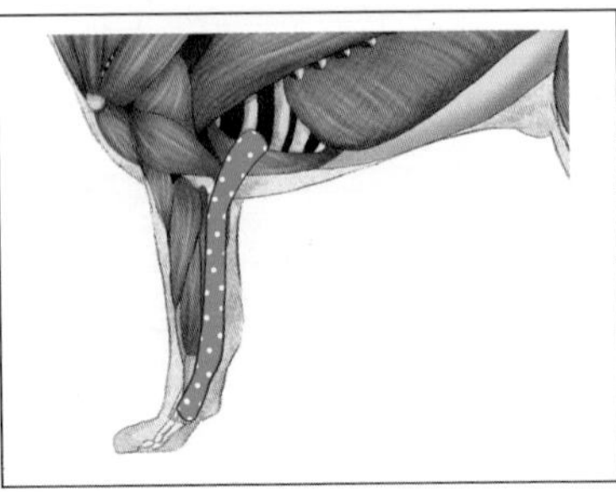
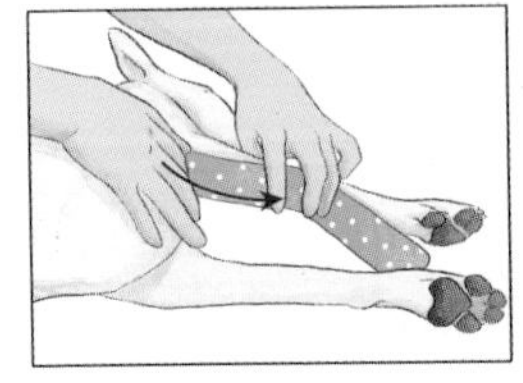
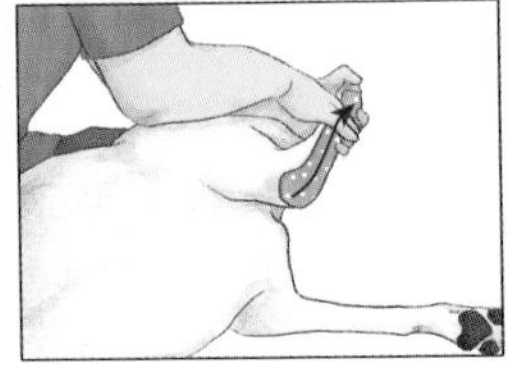
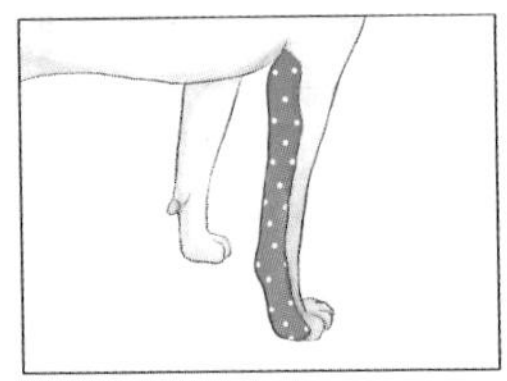

굴곡근

- 테이핑법
* "I"자 형 모양 테이핑 1개 준비
* 반려견이 긴장을 풀고 누워있는 자세
* 25% 장력으로 팔꿈치 관절에서 시작하여 발목, 손목, 발바닥으로 부착
* 손상 부위를 제외한 부위 텐션 없이 부착

(11) 장지신근

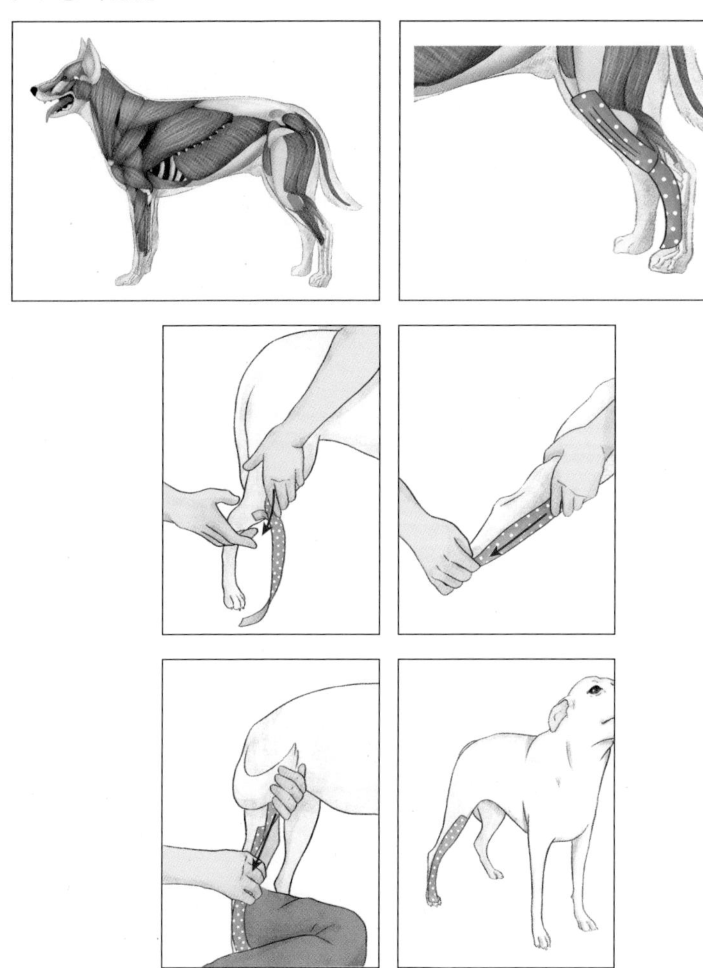

장지신근

- 테이핑법

* “I”자 형 모양 테이핑 1개, web-cut 모양 테이핑 1개 준비
* 반려견이 긴장을 풀고 서 있는 자세
* 20% 장력으로 무릎 관절 약간 위와 살짝 바깥쪽에서 시작
* 뒷다리를 펴고 뒤로 스트레칭 시키며 발가락까지 부착
* 20% 장력으로 대퇴쪽 앞쪽에서 무릎 방향으로 부착

(12) 아킬레스 건

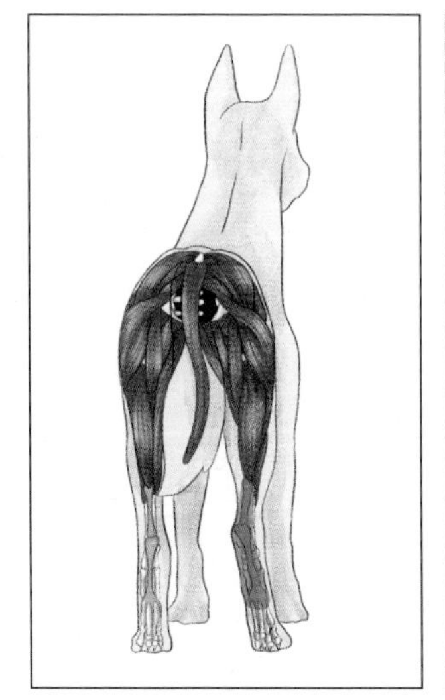

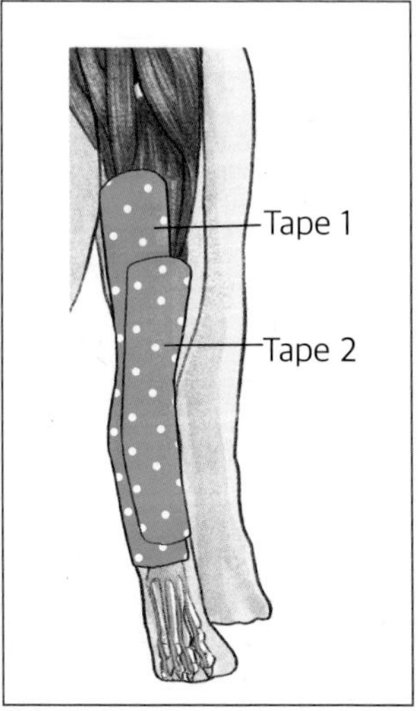

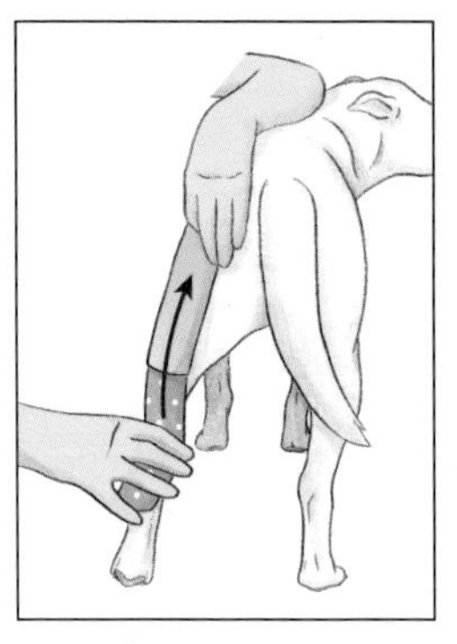

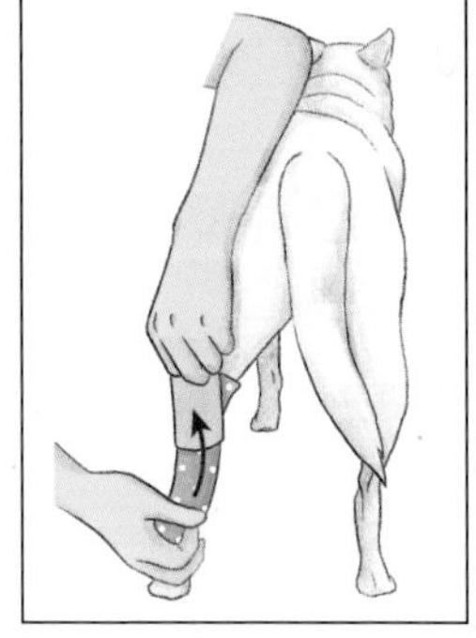

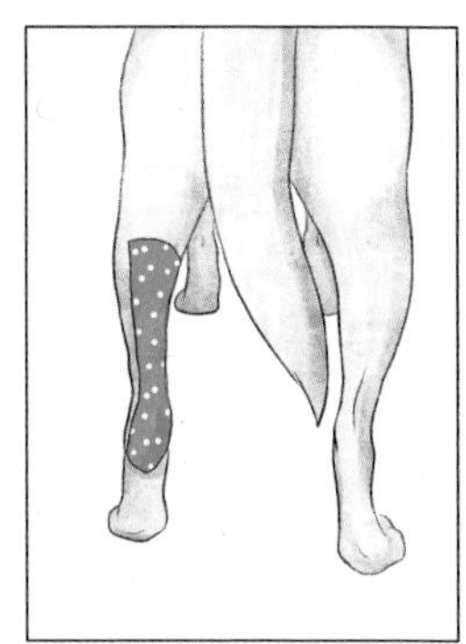

아킬레스 건

- 테이핑법
* "I"자 형 모양 테이핑 2개 준비
* 반려견이 긴장을 풀고 서 있는 자세
* 50% 장력으로 뒤꿈치 바닥에서 시작하여 종골을 덮도록 위쪽 방향으로 부착
* Tape 1처럼 3/2정도 겹치게 하여 부착

(13) 전방십자인대

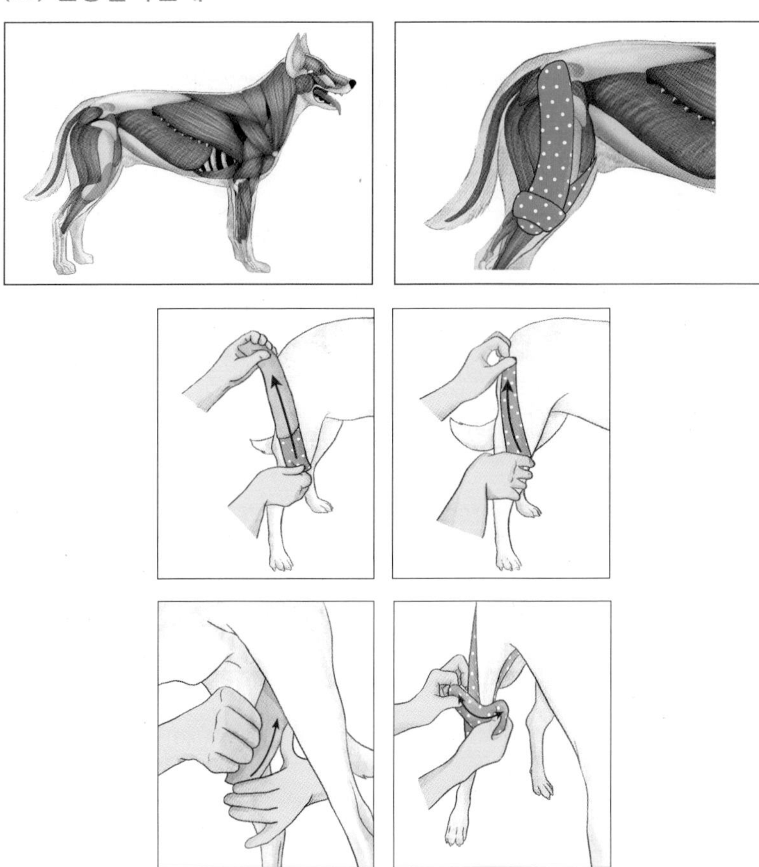

전방십자인대

- 테이핑법

* "I"자 형 모양 테이핑 3개 준비
* 반려견이 긴장을 풀고 서 있는 자세
* 20% 장력으로 무릎관절 바깥쪽 아래쪽에서 시작하여 허벅지 바깥쪽 앞쪽으로 부착
* 20% 장력으로 무릎 안쪽 아래 시작으로 허벅지 앞쪽 내측으로 부착
* 50% 장력으로 가운데를 찢어 무릎뼈 아래에서 위쪽으로 부착 (첫 번째 테이핑을 둘러 텐션없이 부착)

(14) 측부인대

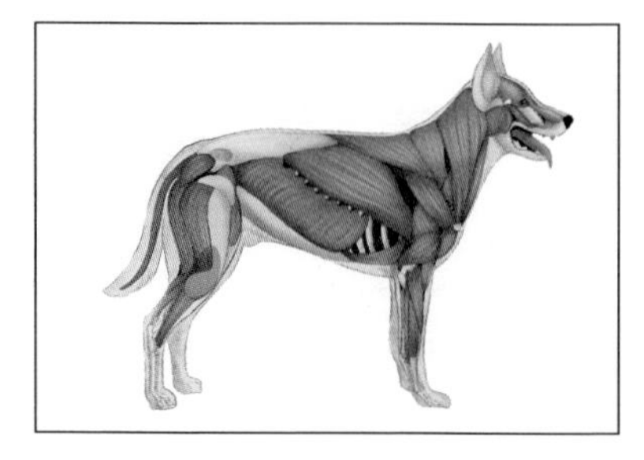

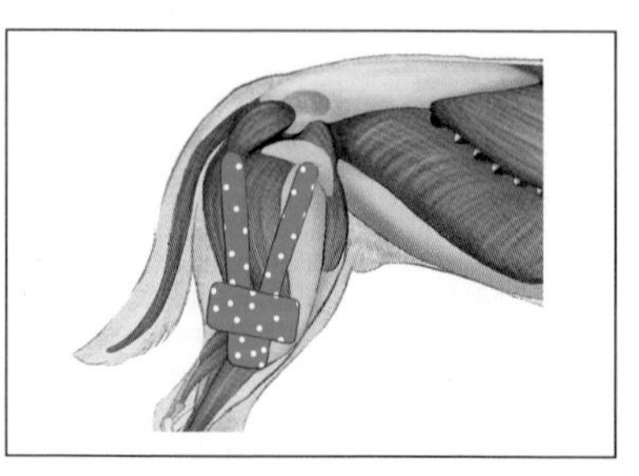

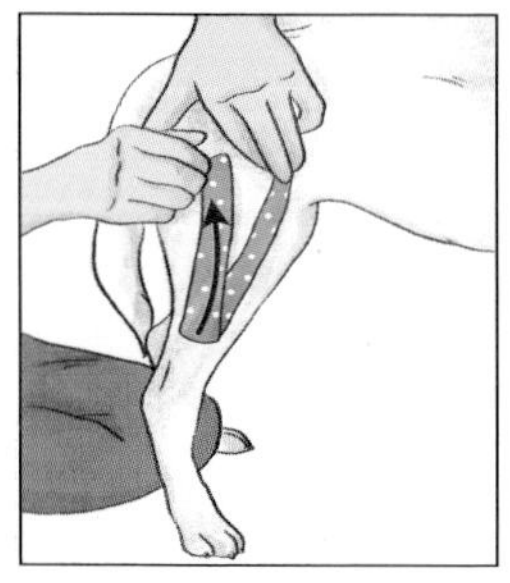

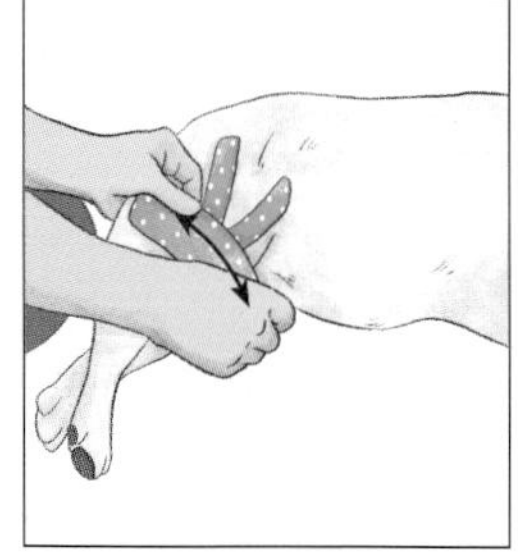

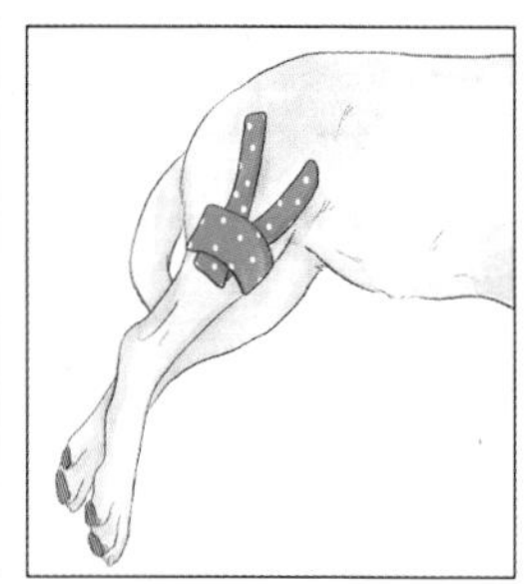

측부인대

- 테이핑법

* "Y"자 형 모양 테이핑 1개, I 모양 테이핑 1개 준비
* 반려견이 긴장을 풀고 서 있는 자세
* Y자 형 모양 테이프 무릎 바깥쪽에서 시작하여 15% 장력으로 Y자형 모양의 한쪽을 허벅지 앞쪽으로 부착 → 동일한 장력으로 허벅지 바깥쪽으로 부착
* 50% 장력으로 가운데를 찢어 첫 번째 테이핑과 수직 방향으로 목표 부위에 부착

저자 약력

조준혁 / jjhl22@yeonsung.ac.kr

동물응용과학 박사

연성대학교 반려동물산업과 교수

한국동물매개심리치료학회 이사

정구영 / jungky@tw.ac.kr

동원대학교 레저스포츠과 교수

한국산업인력공단 스포츠분야 NCS연구위원/자격위원

한국직업능력개발원 일학습병행제 자격출제위원

이승재 / ace0929@mnu.ac.kr

국립목포대학교 체육학과 교수

대한선수트레이너협회 실기분과 관리위원

전남체육회 경기력향상 위원

펫 피트니스 핸드북

초판발행 2024년 12월 30일

지은이 조준혁·정구영·이승재
펴낸이 노 현

편 집 배근하
기획/마케팅 김한유
표지디자인 BEN STORY
제 작 고철민·김원표

펴낸곳 ㈜피와이메이트
서울특별시 금천구 가산디지털2로 53, 210호(가산동, 한라시그마밸리)
등록 2014.2.12. 제2018-000080호
전 화 02)733-6771
f a x 02)736-4818
e-mail pys@pybook.co.kr
homepage www.pybook.co.kr
ISBN 979-11-7279-062-2 93490

정 가 13,000원

박영스토리는 박영사와 함께하는 브랜드입니다.